U0148047

新文京開發出版股份有限公司

新世紀・新視野・新文京 — 精選教科書・考試用書・專業參考書

第4版
Fourth Edition

肉製品

丙級技術士技能檢定 必勝寶典

加工

QR Code
共同科目學科題庫下載

編著 曾再富・林高塚

四版依據行政院勞動部「肉製品加工技術士技能檢定規範」（106 年 8 月 22 日修正）及「技術士技能檢定肉製品加工丙級術科測試參考資料」（107 年 11 月 02 日修訂）之內容編輯而成，並調整部分製作步驟，使本書更為精確實用。

本書共分學科及術科兩部分，術科涵蓋乳化類、顆粒香腸類、醃漬類、乾燥類及調理類等肉製品，適用於職業學校或大專院校的食品相關科系或畜產保健科之教學授課使用；亦適用於肉品從業人員為增進專業知識及技能，並取得肉製品加工丙級技術士的專業證照。

為獲得有效率之學習，本書在術科的部分以簡明易懂的文字敘述製程，並配合圖解說明，以獲得更具體清晰的觀念。且提供各項產品之「製作要領和注意事項」與「製作報告表」的參考內容，將更有助於提升讀者的術科測試技能。

本書初版編印期間，承蒙蔡聰敏、郭明儒和陳彥竹等三位先生協助產品的製作示範，趙美珍及賴雅婷二位小姐的協助校對，特此謹致最大之謝意。本書雖審慎編寫，難免有所疏漏，尚祈各界先進不吝指正賜教。

曾再富　林高塚
於 國立嘉義大學動物科學系

編者簡介

曾再富 國立中興大學農學博士

■ 現任：

國立嘉義大學動物科學系教授

台灣優良農產品發展協會 CAS 優良農產品現場評核委員

中央畜產會 CAS 優良肉品技術小組委員

國產羊肉推廣委員會委員

國產鮮羊乳推廣委員會委員

■ 經歷：

嘉南羊乳運銷合作社社務課長

國立嘉義農業專科學校助教、講師

國立嘉義技術學院副教授

國立嘉義大學教授

國立嘉義大學畜產試驗場組長

國立嘉義大學動物科學系主任暨研究所所長

國立嘉義大學農業推廣中心主任

肉製品加工職類技術士技能檢定術科測試監評人員

中華肉品協會常務監事

■ 編著：

畜產品利用實習手冊

食品加工實驗—畜產品加工

林高塚　日本北海道酪農學園大學農學博士

■ 現任：

國立嘉義大學動物科學系名譽教授

中央畜產會 CAS 優良肉品技術小組委員

農業委員會動物植物防疫檢疫局屠宰場
設立及變更申請案審查及會勘工作小組
委員

肉製品加工乙級及丙級技術士技能檢定
委員

中華肉品協會名譽理事長

中華農產運銷協會理事

中華民國肉品市場發展協進會顧問

中華民國養羊協會顧問

中華民國酪農協會顧問

中華民國養鵝協會顧問

中國畜牧學會常務監事

國產羊肉推廣委員會主任委員

■ 經歷：

立大農畜興業股份有限公司冷凍食品廠
副廠長

美國 Iowa 州立大學訪問學者

西班牙 Cordoba 大學訪問學者

國立嘉義農業專科學校牧場主任、課務
組長、畜產科科主任

國立嘉義農業專科學校講師、副教授、
教授

國立嘉義大學學務長、研發長

國立嘉義大學特聘教授

經濟部標準檢驗局食品國家標準技術委
員會委員

中華肉品協會理事長

■ 編著：

肉品加工之基礎與技術

畜產品利用實習手冊

目 錄

CONTENTS

▶ 第3章 ◀ **肉製品加工丙級學科題庫**　99

共同科目學科題庫下載（含 9006、6007、90008、90009、90010 試題）

第 1 章

認識肉製品加工技術士技能檢定規範

> **注意事項**
>
> 全國技術士技能檢定簡章可至勞動部勞動力發展署技能檢定中心的網站下載。

1-1 肉製品加工技術士技能檢定規範

行政院勞工委員會 79 年 8 月 25 日

台七十九勞職檢字第 20635 號公告

行政院勞工委員會 85 年 1 月 9 日

台八十五勞職檢字第 100962 號第一次修正

行政院勞工委員會 91 年 6 月 28 日勞中

二字第 0910200329 號第二次修正

（九十二年一月一日實施）

勞動部 106　8 月 22 日勞動發能字 1060514897 號修正

級　　別：丙級

工作範圍：1. 從事禽畜肉製品加工製造等有關的基本知識與一般技能。

　　　　　2. 應具有認識一般性的禽畜肉製品之原料品質、特性、配方，並配合營養、衛生之基本知識，且能適當的製作、包裝及貯存肉製品。

應具知能：應具備下列各項技能及相關知識。

工作項目	技能種類	技能標準	相關知識
一、產品分類	認識各種肉製品	能適當將各類禽畜肉製品歸類。 1. 乳化類肉製品：熱狗、法蘭克福香腸、貢丸等。 2. 顆粒香腸類：中式香腸、臘腸等。	1. 肉製品分類。 2. 每類肉製品所含之產品種類。

工作項目	技能種類	技能標準	相關知識
一、產品分類（續）	認識各種肉製品（續）	3. 乾燥類肉製品：肉絨、肉酥、肉脯（乾）、牛肉乾、肉角、肉條、肉絲等。 4. 醃漬類肉製品：臘肉、板鴨等。 5. 調理類肉製品： 　(1) 燒烤調理類：烤雞、烤鴨、叉燒肉、燒腩等。 　(2) 滷煮調理類：鹽水鴨、醉雞、燒滷豬腳等。	
二、原料之選用	（一）能認識主原料及副原料	具分辨各類肉製品所需之下列主原料及副原料之種類及用法的能力。 1. 主原料：(1) 畜肉、(2) 禽肉、(3) 脂肪、(4) 禽畜可食性副產物等。 2. 副原料：(1) 黃豆蛋白、(2) 澱粉、(3) 水、(4) 鹽、(5) 糖、(6) 醬類、(7) 動植物抽出濃縮物、(8) 蛋白質加水分解物、(9) 天然香辛料等。	1. 主、副原料之種類及用法。 2. 屠體部位肉之認識。
	（二）能認識肉製品添加物	具分辨下列各種常用食品添加物之種類及用法之能力。 (1) 防腐劑、(2) 保色劑、(3) 著色劑、(4) 調味劑、(5) 香料、(6) 結著劑等。	瞭解食品添加物使用範圍及用量標準。
三、原料之處理	原料肉之各種處理方式	能適當將原料肉做妥善處理，以待加工使用。 處理方式包括： 1. 禽畜之屠宰處理。 2. 原料肉冷卻。 3. 原料肉分級分切。 4. 原料肉凍結。 5. 原料肉解凍。 6. 冷凍及冷藏原料肉之溫度測定方法。	1. 禽畜屠宰作業基礎理念。 2. 肉品冷藏、冷凍及解凍常識。 3. 原料肉驗收之程序與檢查項目。

工作項目	技能種類	技能標準	相關知識
四、肉製品加工機具	肉製品製作有關機具的適當使用清洗與操作安全	1. 能瞭解各種常用之肉製品加工機具之操作方法與操作安全。 2. 能適當使用及清洗肉製品加工機具。 3. 各種常用肉製品加工機具如下： 　(1) 原料處理機具：刀具、肉塊切塊機、鹽漬液注射器、滾打機等。 　(2) 加工工程機具：絞肉機、蒸氣二重釜、揉絲機、細切機、攪拌機、充填機、乾燥機、燻煙器、燒烤機具等。 　(3) 包裝工程機具：剝腸衣機、真空包裝機、包裝機等。	1. 各種肉製品機械之操作方法及清洗。 2. 肉製品加工機具使用安全。
五、肉製品製作技術	(一) 原料計算及秤量	1. 能正確秤取主、副原料及添加物之重量。 2. 能正確使用度量衡工具。	1. 度量衡工具的基本使用方法。 2. 瞭解公制度量衡之換算等。
	(二) 絞碎與混合技術	1. 能瞭解原料肉絞碎與混合的正確操作。 2. 能掌握原料肉絞碎大小程度及絞碎肉溫度的控制。 3. 能掌握原料肉與其他副原料混合攪拌均勻。	絞碎、與混合攪拌對肉製品品質之相關性知識。
	(三) 醃漬技術	1. 能操作不同醃漬種類與方法。 2. 能控制醃漬溫度與時間。 3. 能使用發色劑，並控制用量。 4. 能操作注射技術。	1. 醃漬種類與方法。 2. 醃漬溫度與時間。 3. 瞭解醃漬液的成份。 4. 肉製品發色劑種類與用量。
	(四) 細切、乳化技術	能操作細切、乳化技術及控制乳化溫度。	瞭解乳化機械之操作應用。

工作項目	技能種類	技能標準	相關知識
五、肉製品製作技術（續）	（五）滾打、按摩技術	能操作滾打及按摩作業。	能瞭解滾打與按摩之操作意義。
	（六）充填技術	1. 能操作充填技術。 2. 能分辨肉製品腸衣的種類及用途： 　（1）天然動物性腸衣。 　（2）可食性人工腸衣：膠原纖維蛋白腸衣。 　（3）不可食性人工腸衣：聚合物（塑膠）腸衣、纖維素腸衣。	1. 腸衣種類的認識。 2. 腸衣的選別。 3. 充填機械之應用。
	（七）乾燥技術	能適當操作乾燥處理條件及過程。	能判知乾燥程度與機械之應用。
	（八）燻煙技術	能適當操作不同的燻煙方法。	能判知燻煙程度與機械之操作。
	（九）加熱技術	1. 能適當操作加熱處理過程。 2. 能適當操作焙炒技術。	能瞭解不同產品之加熱條件。
	（十）冷卻技術	能適當操作冷卻處理過程。	能瞭解各種冷卻操作方法。
	（十一）燒烤技術	能適當操作燒烤處理過程。	能瞭解燒烤肉製品之溫度、時間與色、香味的關係。
	（十二）滷煮技術	能適當操作滷煮處理過程。	能瞭解滷煮肉製品之溫度、時間與色、香、味的關係。
六、肉製品包裝	辨識肉製品包裝	能適當選用肉製品之包裝材料與機械。	1. 能瞭解包裝之重要性。 2. 能瞭解包裝材料之種類與功能。 3. 能瞭解肉製品包裝標示。

工作項目	技能種類	技能標準	相關知識
七、肉製品品質之鑑定	肉製品品質之判定	能用官能方法辨識各類肉製品之品質。 1. 外觀：平整度、色澤、表面質地等。 2. 內部：色澤、風味、組織、咬感等。	1. CNS 肉製品標準。 2. CAS 優良食品標誌（肉品類）管理辦法。 3. 瞭解食品 GMP 認證標準。
八、肉製品貯存	肉製品保存條件與貯存場所之選擇	能將原料、半成品、成品等貯存於適當之場所。	1. 能瞭解肉製品原料、半成品、成品等之特性。 2. 肉製品貯存方法及溫度管理。

級別：乙級

工作範圍：1. 從事禽畜肉製品加工製造等有關的專業知識與技能。

　　　　　2. 應具有熟知禽畜肉製品之原料品質、特性、配方，並配合營養、衛生之各項知能，且能具備製作、包裝及貯存肉製品之技術與管理概念。

應具知能：應具備丙級技術士之知識及技術外，並應具備下列各項知識及技能。

工作項目	技能種類	技能標準	相關知識
一、產品分類	確認各種肉製品	能正確將各類禽畜肉製品歸類 1. 乳化類肉製品： 　熱狗、法蘭克福香腸、波羅那香腸、維也納香腸、貢丸、肉蘿芙等。 2. 顆粒香腸類：中式香腸、臘腸、沙拉米香腸、肉棒等。 3. 乾燥類肉製品： 　肉絨、肉酥、肉脯（乾）、牛肉乾、肉角、肉條、肉絲等。	1. 肉製品分類。 2. 每類肉製品具有之特色。 3. 每類肉製品所含產品之種類。

工作項目	技能種類	技能標準	相關知識
一、產品分類（續）	確認各種肉製品（續）	4. 醃漬類肉製品： 火腿、臘肉、培根、鴨賞、板鴨、鴨排、鴨肉卷、膽肝等。 5. 冷凍調理類：雞塊、漢堡、肉餅、雞排、肉排等。 6. 燒烤及滷煮調理類 　(1) 燒烤調理類：烤雞、烤鴨、烤乳豬、烤肉串、叉燒肉、燒腩等。 　(2) 滷煮調理類：鹽水鴨、醉雞、滷豬腳等。	
二、原料之選用	（一）能確認主原料及副原料	具確認各類肉製品所需之下列主原料及副原料之種類、特性及用法的能力。 1. 主原料： 　(1) 畜肉、(2) 禽肉、(3) 脂肪、(4) 禽畜可食性副產物等。 2. 副原料： 　(1) 黃豆蛋白、(2) 澱粉、(3) 水、(4) 鹽、(5) 糖、(6) 醬類、(7) 動植物抽出濃縮物、(8) 蛋白質加水分解物、(9) 天然香辛料、(10) 蔬果等。	1. 主、副原料之種類、特性、用法及異常狀況之辨認。 2. 主、副原料在各肉製品的功能。 3. 不同禽畜各部位肉及副產品之加工應用方式 4. 屠體各部位肉之認識。
	（二）能確認肉製品添加物	具確認下列各種食品添加物之種類、特性及用法之能力。 (1) 防腐劑、(2) 保色劑、(3) 著色劑、(4) 結著劑、(5) 調味劑、(6) 乳化劑、(7) 香料、(8) 抗氧化劑、(9) 品質改良劑、(10) 營養添加劑、(11) 粘稠劑等。	1. 熟知食品添加物使用範圍及用量標準。 2. 食品添加物之理化學特性與應用。 3. 食品添加物品質異常狀況之辨別。

工作項目	技能種類	技能標準	相關知識
三、原料肉之處理	原料肉之正確處理方式	能正確將原料肉做妥善處理以待加工使用。 處理方式包括： 1. 禽畜之屠宰處理。 2. 原料肉冷卻。 3. 原料肉分級分切。 4. 原料肉凍結。 5. 原料肉解凍。 6. 冷凍及冷藏原料肉之溫度測定方法。	1. 禽畜屠宰作業專業理念。 2. 肉品冷藏、冷凍及解凍之功能與原理。
四、肉製品加工機具	肉製品製作有關機具的正確使用、清洗與操作安全	1. 熟知各種常用之肉製品加工機具之功能、操作方法及使用安全。 2. 能正確使用及選擇適當的清洗方法及清潔劑清洗機具。 3. 各種常用肉製品加工機具如下： 　(1) 原料處理機具： 　　刀具、肉塊切塊機、鹽漬液注射器、滾打或按摩機等。 　(2) 加工工程機具： 　　絞肉機、蒸氣二重釜、揉絲機、細切機、攪拌機、充填機、火腿壓型機具、結紮機、乾燥機、燻煙機、燒烤機具、蒸煮機具等。 　(3) 包裝工程機具： 　　剝腸衣機、真空包裝機、包裝機等。	各種肉製品機具之性能、操作方法、使用安全、清潔劑之選擇，及清洗之操作重點。
五、肉製品製作技術	（一）配方設計	1. 能使用不同配方製作產品。 2. 能合理設計產品配方。	配方對產品品質之影響。

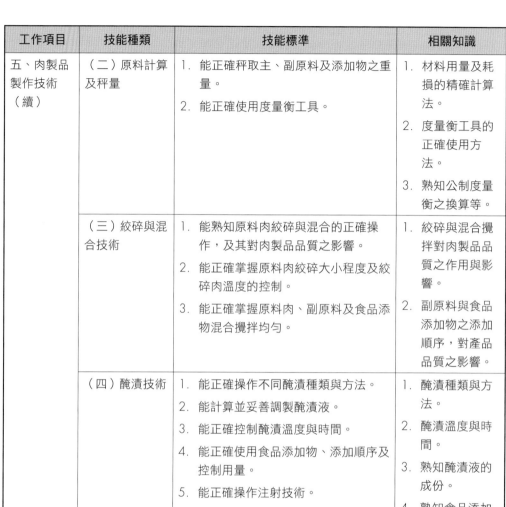

工作項目	技能種類	技能標準	相關知識
五、肉製品製作技術（續）	（二）原料計算及秤量	1. 能正確秤取主、副原料及添加物之重量。 2. 能正確使用度量衡工具。	1. 材料用量及耗損的精確計算法。 2. 度量衡工具的正確使用方法。 3. 熟知公制度量衡之換算等。
	（三）絞碎與混合技術	1. 能熟知原料肉絞碎與混合的正確操作，及其對肉製品品質之影響。 2. 能正確掌握原料肉絞碎大小程度及絞碎肉溫度的控制。 3. 能正確掌握原料肉、副原料及食品添物混合攪拌均勻。	1. 絞碎與混合攪拌對肉製品品質之作用與影響。 2. 副原料與食品添加物之添加順序，對產品品質之影響。
	（四）醃漬技術	1. 能正確操作不同醃漬種類與方法。 2. 能計算並妥善調製醃漬液。 3. 能正確控制醃漬溫度與時間。 4. 能正確使用食品添加物、添加順序及控制用量。 5. 能正確操作注射技術。	1. 醃漬種類與方法。 2. 醃漬溫度與時間。 3. 熟知醃漬液的成份。 4. 熟知食品添加物基本原理與應用。
	（五）細切、乳化技術	1. 能正確控制細切、乳化操作過程。 2. 能正確掌握細切過程中副原料及食品添加物之添加順序。	1. 熟知乳化原理、機械操作及對產品品質之影響。 2. 副原料及食品添加物添加順序對產品品質之影響。

工作項目	技能種類	技能標準	相關知識
五、肉製品製作技術（續）	（六）滾打與按摩技術	能正確操作滾打、按摩之時間、速度與溫度。	熟知滾打與按摩之操作及其對產品品質之影響，並能瞭解其原理。
	（七）充填技術	1. 熟練操作充填技巧。 2. 能明確分辨肉製品腸衣的種類、特性及用途： 　(1) 天然動物性腸衣。 　(2) 可食性人工腸衣： 　　膠原纖維蛋白腸衣。 　(3) 不可食性人工腸衣： 　　聚合物（塑膠）腸衣、纖維素腸衣。	腸衣的選別與充填機的操作原理及對產品品質的影響。
	（八）乾燥技術	能依產品別選擇乾燥方法與裝置，適當操作乾燥處理條件及過程。	1. 能熟知肉製品乾燥原理。 2. 熟知乾燥程度與機械之應用，及其對產品品質的影響。
	（九）燻煙技術	1. 燻煙材料的種類與選用。 2. 能正確操作燻煙處理過程。	熟知燻煙程度與機械之操作，及其對產品品質的影響。
	（十）加熱技術	能依產品別適當設定加熱條件及正確操作加熱處理過程。	熟知不同產品之加熱條件，及其對產品品質的影響。
	（十一）冷卻技術	能依產品別適當設定不同的冷卻處理條件及正確操作冷卻處理過程。	熟知各種冷卻操作方法，及其對產品品質的影響。
	（十二）裹漿、裹粉技術	能正確操作肉製品裹漿、裹粉之處理、及機械之操作。	熟知裹漿、裹粉之原理，及其應用之相關知識。

工作項目	技能種類	技能標準	相關知識
五、肉製品製作技術（續）	（十三）成型油炸技術	1. 能正確控制原料漿處理之溫度。 2. 能正確操作成型與油炸技術。 3. 能依產品別適當設定及控制油炸過程溫度和時間。	1. 熟知原料漿處理溫度。 2. 能熟知肉製品成型目的及油炸條件程度對產品品質的影響。
	（十四）燒烤技術	能依產品別適當設定燒烤條件及正確操作燒烤處理過程。	熟知燒烤肉製品之溫度、時間，及其對產品品質的影響。
	（十五）滷煮技術	能依產品別適當設定滷煮條件及正確操作滷煮處理過程。	能熟知滷煮肉製品之溫度、時間，及其對產品品質的影響。
六、肉製品包裝及標示	正確辨識肉製品包裝及標示	能正確選用肉製品之包裝材料與包裝機械之使用。	1. 熟知包裝之重要性及包裝種類。 2. 熟知包裝材料及包裝機械之特性。 3. 熟知肉製品包裝標示之規定。
七、品質管制	熟知品質管制之技巧	1. 能閱讀基本品質管制圖。 2. 能正確指出重點管制項目。 3. 能應用品管圖表於肉製品之生產管理。 4. 建立食品良好衛生規範 (GHP)。	1. 瞭解品質管制之重要性。 2. 熟知食品品質管制原理。 3. 熟知食品衛生相關法規。

工作項目	技能種類	技能標準	相關知識
八、肉製品品質之鑑定	正確判定肉製品之品質	能用官能方法正確辨識各類肉製品之品質。 1. 外觀：平整度、色澤、表面質地等。 2. 內部：色澤、風味、組織、咬感等。	1. 熟知 CNS 肉製品標準。 2. 熟知 CAS 優良食品標誌（肉品類）管理辦法。 3. 熟知食品 GMP 認證標誌。 4. 具備品管知識。
九、肉製品貯存	肉製品保存條件與貯存場所之選擇	1. 能正確將原料、半成品、成品等貯存於適當之場所。 2. 能依肉製品特性適當設定原料、半成品、成品等之貯存條件。	1. 熟知肉製品原料、半成品、成品等之特性。 2. 熟知肉製品貯存方法及溫度管理。
十、成本計算	（一）直接材料成本之計算 （二）直接人工成本之計算 （三）配方與成本	1. 能估計各種半成品，每單位重量及每單項產品之成本。 2. 能估計每件產品人工攤負之成本。 3. 能使用不同配方以降低成本。	1. 熟知原料單價分析。 2. 熟知原料用量精確計算方法。 3. 熟知人工成本分析。 4. 熟知配方成份對產品及成本之影響。

1-2 肉製品加工丙級術科測試應檢須知

（本應檢須知請攜帶至術科測試考場）

一、一般性應檢須知

（一）應檢人員不得攜帶規定項目以外之任何資料、工具、器材進入考場，違者不予計分。

（二）進場時，應出示術科測試通知單及國民身分證，並接受監評人員檢查自備工具。

（三）應檢人員依據檢定位置號碼就檢定崗位，並應將術科測試通知單及國民身分證置於指定位置，以備核對。

（四）檢定使用之材料、設備、機具，須於進入考場後馬上核對並檢查，如有短缺或不堪使用者，應當場提出更換或補充，開始考試後十分鐘概不受理。

（五）應檢人員應聽從並遵守監評人員講解規定事項。

（六）檢定時間之開始與停止，悉聽監評人員之哨音及口頭通知，不得自行提前或延後。

（七）應檢人員有下列情形之一者，除取消應檢資格，其總成績以「0」分計之項目。

1. 應檢人員應按時進場，逾規定檢定時間十五分鐘，即不准進場。

2. 冒名頂替者。

3. 協助他人或託他人代為操作者。

4. 互換或攜帶規定外之工具、器材、半成品、成品或試題及製作報告表。

5. 故意損壞機具、設備者。

6. 不接受監評人員指導，擾亂試場內外秩序者。

7. 在考場內相互交談者。

8. 本職類有關制服之規定，依據技術士技能檢定作業及試場規則第 39 條第 2 項規定「依規定須穿著制服之職類，未依規定穿著者，不得進場應試，**其術科成績以不及格論**。」之規定辦理。（應檢人服裝圖示及說明如附）

9. 違背應檢須知其他規定者。

10. 考試時擅自更改試題內容，並以試前取得測試場地同意為由，執意製作者。

(八) 應檢人員有下列嚴重缺點情形之任一小項者，扣 41 分：

A. 製作技術部分：

1. 製作過程中有任何危險動作或狀況出現，如機械、儀器、器具與刀具不會使用者或使用不正確、器具掉入運轉的機械中、將手伸入運轉的機械中取物等。

2. 因使用方法不當，致損壞機械、器具或儀器者。

3. 瓦斯爐具使用不正確，如不會使用、開關未關等。

4. 超過時限未完成者。

5. 產品重作者。

6. 未能注意工作之安全，致使自身或他人受傷不能繼續檢定者。

7. 實際製作未依試題說明、製作數量表需求製作或與報告表所制定的配方不符。

8. 秤量不準確超過 10% 範圍。

9. 未使用公制、未列百分比。

10. 使用試題檢定材料表以外之材料。

11. 中途離場者。

12. 工作後未清潔器具或機械。

B. 產品品質部分：

1. 產品數量或重量未達規定範圍者。

2. **產品不熟**。

3. 產品不成型或失去該產品應有之性質（不具商品價值）者。

4. 產品風味異常。

5. 產品質地異常。

6. 產品色澤異常。

7. 產品有異物。

C. 其他經三位監評人員認定為嚴重缺失者。

（九）應檢人員應正確操作機具，如有損壞，應負賠償責任。

（十）應檢人員對於機具操作應注意安全，如發生意外傷害，自負一切責任。

（十一）檢定進行中如遇有停電、空襲警報或其他事故，悉聽監評人員指示辦理。

（十二）檢定進行中，應檢人員因其疏忽或過失而致個人使用之機具故障，須自行排除，不另加給時間。

（十三）檢定中，如於中午休息後下午須繼續進行或翌日須繼續進行，其自備工具及工作之裝置，悉依監評人員之指示辦理。

（十四）檢定結束時，應由監場人員點收機具，試題送繳監評人員收回，監評人員並在術科測試通知單上戳記應檢章，繳件出場後，不得再進場。

（十五）測試時間視考題而定，提前交件不予加分。

（十六）試場內外如發現有擾亂考試秩序，或影響考試信譽等情事，其情節重大者，得移送法辦。

（十七）評分項目包括：評分標準（一）工作態度與衛生習慣、評分標準（二）製作技術、評分標準（三）成品品質等三大項，扣分若超過40分（不含40分），即視為不及格，術科測試每項考一種以上產品時，每種產品均需及格。

（十八）應檢人員不可攜帶通訊器材（如行動電話、呼叫器等）進入考場。

（十九）其他未盡事宜，除依技術士技能檢定作業及試場規則辦理及遵守
檢定場中之補充規定外，並由各該考區負責人處理之。

二、肉製品加工丙級技術士技能檢定術科專業性應檢須知

（一）丙級術科測試，每人每次須自下列禽畜肉製品中，自行選考一項，每
項指定（非自選）至少一種或一種以上製品測試，檢定合格後，證書
上即註明所選類項的名稱。

選項編號			項目名稱
編號	選項	分項編號	
1		A	乳化類
2		B、C	顆粒香腸、醃漬類
3		D	乾燥類
4		E	調理類

（二）製作說明：

1. 「製作報告表」依規定產品數量或重量，詳細填寫原料名稱、百分
比、重量，並將製作程序加以記錄之。

2. 原料應使用公制計算、稱量，稱量容差 ±5%。

（三）評分標準：

1. 評分注意事項

(1) 取消應檢資格，其總成績以「0」分計之項目，與應檢須知規定
相同。

(2) 嚴重缺點犯其中任何一項，扣 41 分。

2. 評分標準表：分三大項

(1) 評分標準表（一）

包括工作態度與衛生習慣（如附表）

取消應檢資格其總成績以「0」分計項目，或犯嚴重缺點扣 41
分項目，與應檢須知規定相同。

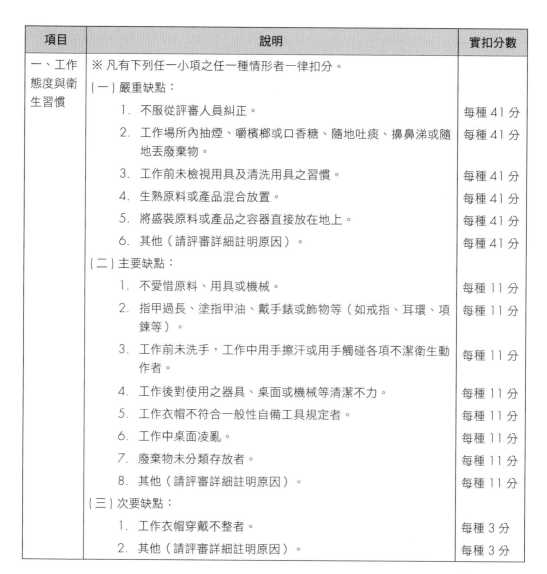

項目	說明	實扣分數
一、工作態度與衛生習慣	※ 凡有下列任一小項之任一種情形者一律扣分。	
	（一）嚴重缺點：	
	1. 不服從評審人員糾正。	每種 41 分
	2. 工作場所內抽煙、嚼檳榔或口香糖、隨地吐痰、擤鼻涕或隨地丟廢棄物。	每種 41 分
	3. 工作前未檢視用具及清洗用具之習慣。	每種 41 分
	4. 生熟原料或產品混合放置。	每種 41 分
	5. 將盛裝原料或產品之容器直接放在地上。	每種 41 分
	6. 其他（請評審詳細註明原因）。	每種 41 分
	（二）主要缺點：	
	1. 不愛惜原料、用具或機械。	每種 11 分
	2. 指甲過長、塗指甲油、戴手錶或飾物等（如戒指、耳環、項鍊等）。	每種 11 分
	3. 工作前未洗手，工作中用手擦汗或用手觸碰各項不潔衛生動作者。	每種 11 分
	4. 工作後對使用之器具、桌面或機械等清潔不力。	每種 11 分
	5. 工作衣帽不符合一般性自備工具規定者。	每種 11 分
	6. 工作中桌面凌亂。	每種 11 分
	7. 廢棄物未分類存放者。	每種 11 分
	8. 其他（請評審詳細註明原因）。	每種 11 分
	（三）次要缺點：	
	1. 工作衣帽穿戴不整者。	每種 3 分
	2. 其他（請評審詳細註明原因）。	每種 3 分

本職類有關制服之規定，依據技術士技能檢定作業及試場規則第 39 條第 2 項規定「依規定須穿著制服之職類，未依規定穿著者，不得進場應試，其術科成績以不及格論。」之規定辦理。

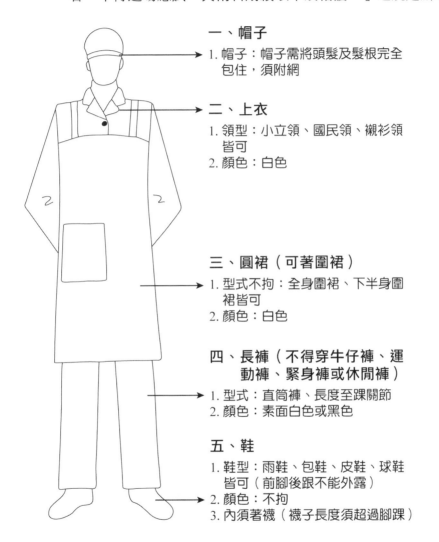

一、帽子
1. 帽子：帽子需將頭髮及髮根完全包住，須附網

二、上衣
1. 領型：小立領、國民領、襯衫領皆可
2. 顏色：白色

三、圓裙（可著圍裙）
1. 型式不拘：全身圍裙、下半身圍裙皆可
2. 顏色：白色

四、長褲（不得穿牛仔褲、運動褲、緊身褲或休閒褲）
1. 型式：直筒褲、長度至踝關節
2. 顏色：素面白色或黑色

五、鞋
1. 鞋型：雨鞋、包鞋、皮鞋、球鞋皆可（前腳後跟不能外露）
2. 顏色：不拘
3. 內須著襪（襪子長度須超過腳踝）

備註：帽、衣、褲、圍裙等材質須為棉或混紡

　　　　(2) 評分標準表（二）

　　　　　　製作技術：包括配方制定、計算與稱量、製作流程與條件說明、操作正確或熟練程度等。

　　　　(3) 評分標準表（三）

　　　　　　產品品質：包括外部品質、內部品質等。

　　3. 每項考一種或一種以上產品時，每種產品扣分超過 40 分（不含 40 分）即不及格。

(四) 其他規定，現場說明。

(五) 一般性自備工具：白或淺色工作衣與工作帽（需密蓋頭髮）、平底工作鞋或白色膠鞋，可攜帶計算機、文具、標貼紙、尺、紙巾、完整清潔之塑膠或橡皮手套、白色口罩及場地設備表中可自備之器具設備。

(六) 一般性及專業性應檢須知可攜入考場。

(七) 術科測試配題組合：

　　1. 試題

　　　　A. 乳化類 (5-1 項)

　　　　　　01、熱狗（法蘭克福香腸）(094-910301A)

　　　　　　02、貢丸 (094-910302A)

　　　　B. 顆粒香腸類 (5-2 項)

　　　　　　01、中式香腸 (094-910301B)

　　　　C. 醃漬類 (5-3 項)

　　　　　　01、臘肉 (094-910301C)

　　　　　　02、板鴨 (094-910302C)

　　　　D. 乾燥類 (5-4 項)

　　　　　　01、肉酥 (094-910301D)

　　　　　　02、豬肉乾（肉脯）(094-910302D)

　　　　　　03、牛肉乾 (094-910303D)

　　　　04、肉角 (094-910304D)

　　　　05、肉條 (094-910305D)

　　E. 調理類 (5-5 項)

　　　　01、燒烤調理類－烤雞 (094-910301E)

　　　　02、燒烤調理類－叉燒肉 (094-910302E)

　　　　03、燒烤調理類－燒腩 (094-910303E)

　　　　04、滷煮調理類－鹽水鴨 (094-910304E)

　　　　05、滷煮調理類－醉雞 (094-910305E)‧

　　　　06、滷煮調理類－滷豬腳 (094-910306E)

2. 配題組合：

　　測試當日由各類別應檢人推派一人代表抽題組、配題組合及數量或重量籤。

　　抽籤順序及說明如下：

　　(1) 每場次各類別應檢人依應檢人數及術科測試編號順序平均分成 2 組（顆粒香腸、醃漬類）或 3 組（乾燥類及調理類）。

　　(2) 上午場各類別應檢人推派代表先抽 A、B（上、下午場）測試題組（例如：上午抽 A，下午則測試 B 組，反之類推）。

　　(3) 上、下午場各類別應檢人推派代表抽「配題組合」及「數量或重量籤」，抽出之配題組合為應檢人代表所屬組別之測試題組，其餘組別依序測試其他配題組合。（例如乾燥類之應檢人平均分成 3 組，所推派之代表為第 2 組，所抽出之配題組合為「3-3A」，依序，則該類別第 3 組應檢人測試「3-1A」，該類別第 1 組應檢人測試「3-2A」，其餘各類別抽籤方式依此類推）。

　　各類別依應檢人代表所抽之數量或重量籤製作。

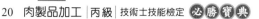

組別 類別	第 A 組		第 B 組	
	編號	配題組合	編號	配題組合
乳化類	1A	01A 熱狗、02A 貢丸	1B	01A 熱狗、02A 貢丸
顆粒香腸、醃漬類	2-1A	01B 中式香腸、01C 臘肉	2-1B	01B 中式香腸、01C 臘肉
	2-2A	01B 中式香腸、02C 板鴨	2-2B	01B 中式香腸、02C 板鴨
乾燥類	3-1A	01D 肉酥、03D 牛肉乾	3-1B	01D 肉酥、03D 牛肉乾
	3-2A	02D 豬肉乾、04D 肉角	3-2B	02D 豬肉乾、04D 肉角
	3-3A	01D 肉酥、05D 肉條	3-3B	02D 豬肉乾、05D 肉條
調理類	4-1A	01E 烤雞、04E 鹽水鴨	4-1B	01E 烤雞、06E 滷豬腳
	4-2A	02E 叉燒肉、05E 醉雞	4-2B	02E 叉燒肉、04E 鹽水鴨
	4-3A	03E 燒腩、06E 滷豬腳	4-3B	03E 燒腩、05E 醉雞

(八) 肉角製作報告表配方計算範例，可攜入考場。

1. 範例：計算方法

(1) 已知原料「新鮮後腿肉 2,000 公克」。

(2) 水煮原料肉計算時以新鮮後腿肉的重量為 100%。

(3) 水煮原料後取出稱重，若為 1,200 公克，則滷煮配料計算時以 1,200 公克為 100%。

(4) 計算公式：各項材料重量 = 水煮原料肉重量 × 各項材料 %。

	原料	%	計算方法	公克
水煮原料肉	豬後腿瘦肉	100	2,000 公克 ×100%=	2,000
	水	100	2,000 公克 ×100%=	2,000
	小計	200	2,000 公克 ×200%=	4,000

	原料	%	計算方法	公克
滷煮調配料	水煮原料肉	100	1,200 公克 ×100%=	1,200
	砂糖	22	1,200 公克 ×22%=	264
	味精	0.85	1,200 公克 ×0.85%=	10.2
	食鹽	1.65	1,200 公克 ×1.65%=	19.8
	五香粉	0.4	1,200 公克 ×0.4%=	4.8
	醬油	1.2	1,200 公克 ×1.2%=	14.4
	肉汁	12	1,200 公克 ×12%=	144
	辣椒粉	0.35	1,200 公克 ×0.35%=	4.2
	食用黃色五號色素	0.05	1,200 公克 ×0.05%=	0.6
	麥芽糖	3	1,200 公克 ×3%=	36
	小計	141.5	1,200 公克 ×141.5%=	1,698

1-3 肉製品加工丙級術科測試檢定場地設備表

基本設備為每一試題皆需準備之設備

(每人份)

編號	名稱	設備規格	單位	數量	備註
1	工作檯	不鏽鋼,可加隔層或附抽屜,80 公分 ×150 公分或以上	台	1	附水槽及肘動式水龍頭
2	絞肉機	不鏽鋼,網孔約 3、5、7mm 各 1,1Hp 以上需有絞冷凍肉能力,入口附安全裝置	台	1	共用
3	充填機	不鏽鋼,油壓或手動式,容量 6 公升以上	台	5	共用,2 人 1 台
4	攪拌機	3/4Hp,配置 10 公升以上攪拌缸(附安全護網、漿狀及鉤狀攪拌器)	台	1	配置於工作檯旁或附近
5	磨刀機具		台	1	共用,可用粗細磨刀石代替可自備

編號	名稱	設備規格		單位	數量	備註
6	冷藏櫃（庫）	規格擇一	0℃~7℃，H180×W120×D80cm	台	2	共用
			0℃~7℃，其他規格，實測容量須可容納符合崗位數的材料	台	1（含）以上	
7	冷凍櫃（庫）	規格擇一	零下18℃或以下 H180×W120×D80cm 或以上	台	2	共用
			零下18℃或以下，其他規格，實測容量須可容納符合崗位數的材料	台	1（含）以上	
8	製冰機	碎冰，200公斤／日以上，附儲冰槽400公升或以上		台	1	共用，製冰機可設置於測試場地隔壁或樓上／下，不可用冰塊代替
9	秤	0.01公克~200公克（電子式）		台	2	共用
		1公克~6公斤（電子式或彈簧秤）		台	5	共用，2人1台
10	溫度計	錶型（-10~110℃或溫度包含且大於其區間），不鏽鋼		支	1	
		電子式（-20~300℃或溫度包含且大於其區間）		支	3	共用，配合燒烤爐數量
11	瓦斯爐	單爐或雙爐，可控制大小火		台	1	雙爐2人共用
12	刮板	塑膠製		支	1	可用刮刀代替
13	砧板	長方型，塑膠製		個	1	
14	刀具	不鏽鋼，一般用途		支	1	
		整型刀，不鏽鋼		支	1	
		去筋膜刀，不鏽鋼		支	1	
15	磨刀棒	不鏽鋼，長15~30公分		支	1	
16	量筒	塑膠製，500~1,000毫升		個	1	
17	稱量原料容器	鋁、塑膠盤或不鏽鋼盆、鍋		個	5	可用塑膠袋代替
18	不鏽鋼鍋	4~6公升及8~10公升，附蓋		組	1	

編號	名稱	設備規格	單位	數量	備註
19	產品盤	不鏽鋼盤，約 40×60 公分	個	1	放所有產品用
20	時鐘	掛鐘直徑 30 公分或以上，附時針、分針、秒針	個	1	共用，每工作區 1 個以上
21	清潔用具	清潔劑、刷子、抹布等	組	1	
22	加壓充氣裝置	加壓充氣用，附空氣噴槍	台	1	共用
23	烘手機	110V，自動或手動式	台	2	共用
24	台車	不鏽鋼，分層、放置調配料用，或用不鏽鋼架	台	1	共用，配置 1 台或以上
25	平底盤	不鏽鋼，約 50×50×2 公分或體積容量超過 5,000 立方公分	個	1	

附註：共同之基本設備及各題所附之專業設備，皆可以生產型設備或登記合格之生產工廠之場地與設備來考試，材料應與生產規格配合，但不可低於各題檢定材料表及製作數量表所列數量。

1-4　肉製品加工丙級術科測試時間配當表

每一檢定場，每日排定測試場次為上、下午各乙場；程序表如下：

時間	內容	備註
07:30 ～ 08:00	1. 監評前協調會議（含監評檢查機具設備） 2. 上午場應檢人報到完成。 3. 各類別應檢人推派代表抽題及工作崗位。 4. 場地設備及供料、自備機具及材料等作業說明。 5. 測試應注意事項說明。 6. 應檢人試題疑議說明。 7. 應檢人檢查設備及材料。 8. 其他事項。	
08:00 ～ 12:00	上午場測試	四小時

時間	內容	備註
12:00 ～ 12:30	1. 監評人員進行成品評審。 2. 下午場應檢人報到完成。 3. 監評人員休息用膳時間。 4. 各類別應檢人推派代表抽題及工作崗位。 5. 場地設備及供料、自備機具及材料等作業說明。 6. 測試應注意事項說明。 7. 應檢人試題疑義說明。 8. 應檢人檢查設備及材料。 9. 其他事項。	
12:30 ～ 16:30	下午場測試	四小時
16:30 ～ 17:00	監評人員進行成品評審	
17:00 ～ 17:00	檢討會（監評人員及術科測試辦理單位視需要召開）	

備註：依時間配當表準時辦理抽籤，並依抽籤結果進行測試，遲到者或缺席者不得有異議。

第 2 章

術科測試試題

2-1　乳化類

一、熱狗（法蘭克福香腸）(094-910301A)

⊙**完成時限**　4 小時（含另外一種產品）

製作配方

原料名稱		百分比 (%)
主原料	前腿肉 (85／15)	55
	肥肉	22
	植物蛋白粉	1
	玉米澱粉	2
	冰水	20
	小計	100
調配料（以主原料肉重為 100%計算）	食鹽	1～2
	砂糖	1.5～2
	味精	0.5～1
	白胡椒粉	0.1～0.3
	肉荳蔻仁粉	0.05～0.2
	肉荳蔻殼粉	0.05～0.2
	大蒜粉	0～0.05
	洋蔥粉	0～0.1
	磷酸鹽	0.25
	異抗壞血酸鈉	0.05
	亞硝酸鈉（若使用商業型亞硝酸鹽產品，須依其實際純度含量計算，調整其使用百分比）	0.01
	小計	
合計		

備註：未列正確百分比之原料，請自行擬定。

試題說明

1. **處理過程**：以豬肉為原料，經絞碎、乳化、充填、扭轉分節、乾燥，並經適當蒸煮而成之產品。

2. **產品外觀**：以可食性或不可食性腸衣充填而成，每節長短粗細一致，外表無油脂分離現象、色澤均勻、外觀飽滿、無皺縮凹陷、質地良好。

3. **產品質地風味**：質地風味均良好。

4. 使用手動充填機操作須在 30 分鐘內完成，使用油壓充填機操作須在 20 分鐘內完成，超過扣 41 分。

製作數量表

1. 製作以主原料重計算之熱狗（法蘭克福香腸）產品，自行分節，每節長 12～14cm。

2. 使用說明：應檢人代表自下列三個題目中每場抽籤取用。

　❖ 3.0 公斤。

　❖ 3.2 公斤。

　❖ 3.5 公斤。

製作方法

1. 前腿肉和肥肉分別切成 3 ～ 4cm 的肉塊或肉片。

2. 前腿肉和肥肉分別經 3 ～ 5mm 網孔的絞肉機絞碎後備用。

3. 前腿絞肉置入攪拌缸（缸鍋下應放置冰塊降溫）。

4. 依序加入磷酸鹽及食鹽，以漿狀攪拌器快速攪拌約 5 ～ 7 分鐘。

5. 續加入植物蛋白粉和 1/3 份量的冰水後攪拌約 2 ～ 5 分鐘。

6. 續加入砂糖、味精、白胡椒等所有的混勻調配料，同時加入 1/3 份量的冰水後攪拌 2 ～ 5 分鐘。

7. 加入絞碎肥肉後繼續攪拌約 2 ～ 5 分鐘。

8. 最後加入玉米澱粉和 1/3 份量的冰水後攪拌 3 ～ 5 分鐘。

9. 乳化完成取出乳化肉漿。

10. 充填。

11. 整形、交叉扭轉分節（每節長 12 ～ 14cm）。

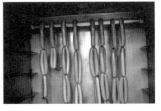

12. 吊掛後乾燥（55 ～ 65℃），1 ～ 2 小時（中心溫度約達 40℃）。

13. 水煮（水溫 80 ～ 85℃）至中心溫度達 72℃時取出。

14. 置入冰水中冷卻，去除腸衣。

15. 成品。

★ 製作要領和注意事項

1. 前腿肉和肥肉切塊前的肉溫以 -2 ～ -5℃為宜。

2. 所有的調味料（食鹽、磷酸鹽除外）於加入前宜先置入塑膠袋中預先混勻。

3. 乳化完成時，肉溫的中心溫度宜控制在 6℃以下。

4. 完成乳化之原料肉置入充填桶時，宜壓平緊密並減少有隙縫情形，可避免充填時發生氣爆現象。

5. 充填時可選用可食性或不可食性腸衣充填，如選用不可食性腸衣充填，分節較不易破裂，惟產品於冷卻後應去除腸衣。

6. 開始充填時，腸衣出口輕輕按即可，以利空氣排出，不可捏住，否則會有充氣現象。

7. 充填操作不可超出時限，手動充填機操作須在 30 分鐘內完成，使用油壓充填機須在 20 分鐘內完成（請依照熱狗的試題說明）。

8. 腸衣分節時，可先從腸衣的中心位置扭轉 2 ～ 3 圈後分開，再由腸衣兩側分別扭轉 2 ～ 3 圈並交叉分節，每節長 12 ～ 14cm（請依照熱狗製作數量表的說明），依續完成分節，末節再以剩餘腸衣或棉繩綁緊。

9. 吊掛時需注意肉串之間不可互相接觸，以避免乾燥時發色不均勻。

10. 乾燥（煙燻）溫度及時間要正確控制，並時常檢視顯示溫度是否達到設定值。

11. 水煮溫度及時間要正確控制，並時常檢視顯示溫度是否達到設定值，且盡量將熱狗壓入熱水中。

12. 水煮完成後應立即置入冰水中冷卻，並以剪刀切開分節的腸衣後，再以拇指推出熱狗或以拇食指拉出腸衣，將有利於去除腸衣之操作。

13. 熱狗產品不可油脂分離。

14. 熱狗產品外觀不可嚴重皺縮。

15. 熱狗產品不可不熟。

製作報告表

（本報告表之內容僅供參考，請依實際製作情形確實記錄）

應檢人姓名：＿＿＿＿＿＿＿＿＿＿＿＿　准考證號碼：＿＿＿＿＿＿＿＿＿＿＿

原 料 名 稱		百分比(%)	重量（公克）	製 作 條 件
原料肉	前腿肉	55	1,650	1. 原料肉溫度＿＿＿-2＿＿＿℃。
	肥肉	22	660	2. 乳化時間＿＿＿20＿＿＿分鐘。
	植物蛋白粉	1	30	3. 乳化後肉漿中心溫度＿＿5＿＿℃。
	玉米澱粉	2	60	4. 乾燥前肉漿中心溫度＿＿12＿＿℃。
	冰水	20	600	5. 乾燥煙燻時間＿＿＿60＿＿＿分鐘。
	小計	100	3,000	乾燥煙燻溫度＿＿＿60＿＿＿℃。
調配料（以主原料重為100%計算）	食鹽	1.6	48	6. 水煮前中心溫度＿＿40＿＿℃。
	砂糖	2.0	60	7. 水煮溫度＿＿＿85＿＿＿℃。
	味精	0.8	24	8. 水煮時間＿＿＿30＿＿＿分鐘。
	白胡椒粉	0.2	6	9. 水煮完成中心溫度＿＿72＿＿℃。
	肉荳蔻仁粉	0.05	1.5	10.冷卻後中心溫度＿＿12＿＿℃。
	肉荳蔻穀粉	0.05	1.5	11.產品總重量＿＿2,730＿＿公克。
	大蒜粉	0.05	1.5	12.製成率＝
	洋蔥粉	0.05	1.5	產品總重量（含腸衣）／主原料重
	磷酸鹽	0.25	7.5	×100%
	異抗壞血酸鈉	0.05	1.5	＝＿2,730＿／＿3,000＿×100%
	亞硝酸鈉（商業型亞硝酸鹽）	0.01 (0.1)	0.3 (3)	＝＿＿91＿＿%
	小計	10.22	153.3	
合 計		110.22	3,153.3	

檢定場地專業設備

（每人份）

編號	名稱	設備規格	單位	數量	備註
1	攪拌機	不鏽鋼，容量約 20 公斤，附安全裝置。	台	1	
2	充填機	不鏽鋼，油壓或手動式，容量 6 公升以上。	台	1	2 人共用
3	熱風乾燥機	可調溫，附不鏽鋼掛桿與網盤，內部 W70×H110×D50cm 或以上，電力 30A 或以上。	台	2	共用，附不鏽鋼掛桿 (2 支／人)、網盤 (1 個／人)。
4	絞肉機	不鏽鋼，網孔約 3、5、7mm 各 1，1Hp 以上需有絞冷凍肉能力，入口附安全裝置。	台	1	共用
5	刀具	不鏽鋼，去除腸衣用，剪刀或小刀。	支	1	

檢定材料表

（每人份）

編號	名稱	材料規格	單位	數量	備註
1	腿肉	切片厚 3～8mm	公克	2,500	冷凍
2	肥肉	豬背脂，切片厚 3～8mm	公克	1,000	冷凍
3	植物蛋白粉	大豆分離蛋白	公克	70	
4	玉米澱粉	粉末	公克	150	
5	冰水	碎片型	公克	1,500	
6	食鹽	精製	公克	150	
7	砂糖	特砂	公克	150	
8	味精	結晶狀	公克	60	
9	白胡椒粉	粉末，市售品	公克	20	
10	肉荳蔻仁粉	粉末，市售品	公克	10	
11	肉荳蔻殼粉	粉末，市售品	公克	10	

編號	名稱	材料規格	單位	數量	備註
12	大蒜粉	粉末，市售品	公克	5	
13	洋蔥粉	粉末，市售品	公克	10	
14	腸衣	纖維素或可食性膠原蛋白腸衣，扁平寬度 16～20mm	公克	22	
15	磷酸鹽	食品級 (肉製品適用)	公克	15	
16	異抗壞血酸鈉	食品級	公克	5	
17	亞硝酸鈉	食品級或特級試藥 (肉製品適用)	公克	20	

附註：表列材料數量係供術科主辦單位準備材料用，非考試製作數量。

二、貢丸 (094-910302A)

⏱**完成時限** 4 小時（含另外一種產品）

製作配方

原料名稱		百分比 (%)
原料肉	豬後腿瘦肉	75
	肥肉	25
	小計	100
調配料（以主原料肉重為100％計算）	食鹽	1.2～2
	砂糖	1～3
	味精	0.5～1
	白胡椒粉	0.1～0.3
	磷酸鹽	0.25
	小計	
合計		

備註：未列正確百分比之原料，請自行擬定。

試題說明

1. 處理過程：以冷凍豬肉為原料，經絞碎、攪拌、成型、水煮而成之產品。

2. 產品外觀：外表無油脂分離，形狀均一，呈光滑狀。

3. 產品質地風味：具良好咬感及多汁性。

製作數量表

1. 製作以原料肉重計算每個重 25～35 公克的貢丸產品。

2. 使用說明：應檢人代表自下列三個題目中每場抽籤取用。

　✧ 2.4 公斤。

　✧ 2.2 公斤。

　✧ 2.0 公斤。

製作方法

1. 後腿瘦肉和肥肉分別切成 3～4cm 的肉塊或肉片後，分別經 2～3mm 網孔的絞肉機絞碎後備用。

2. 絞碎瘦肉置入攪拌缸（缸鍋下應放置冰塊降溫），先加入磷酸鹽以漿狀攪拌器中速攪拌約 2 分鐘，再加入食鹽快速攪拌 5～10 分鐘。

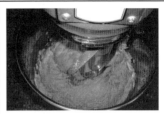

3. 直到萃取出瘦肉中的鹽溶性蛋白質，此時肉漿會黏手。

4. 加入預先混勻的砂糖、味精和白胡椒攪拌均勻。

5. 加入絞碎肥肉攪拌乳化。

6. 將完成乳化的肉漿擠成丸形。

7. 水煮（水溫 80～85℃）至貢丸中心溫度達 72℃時取出。

8. 置入冰水中冷卻。

9. 成品。

製作要領和注意事項

1. 瘦肉和肥肉絞碎前的肉溫以 -2 ～ -5℃為宜。

2. 乳化肉漿完成時，肉溫宜控制在 6℃以下。

3. 絞碎、打漿和成型過程的原料肉應隨時保持在低溫狀態（可用冰塊冷卻），可避免產品出油現象。

4. 貢丸成型時，可用右手握住肉漿於掌心內，再使肉漿從拇指與食指間之虎口位置擠出成型，初成之丸型宜再以拇指往左下方滑動 2 ～ 3 次，修整丸體使成圓滑狀後，左手立即以湯匙取出，並盡速將貢丸壓入熱水中，使其凝固定型（此時的肉色將由粉紅色轉變為灰白色），有利於貢丸的結著性。

5. 貢丸成型操作要迅速且熟練，避免肉漿於手掌內停滯過久導致升溫，進而影響貢丸之結著性。

6. 貢丸每粒重為 25 ～ 35 公克（請依照貢丸製作數量表的說明）。

7. 水煮溫度及時間要妥善控制，並時常檢視顯示溫度是否達到設定值，並避免熱水煮沸現象，否則貢丸表面易裂開及油水流出嚴重。

8. 貢丸產品不可不熟。

9. 貢丸產品不可油脂分離。

10. 貢丸產品外表不可粗糙無光澤。

11. 貢丸產品大小要均一。

製作報告表

（本報告表之內容僅供參考，請依實際製作情形確實記錄）

應檢人姓名：＿＿＿＿＿＿＿＿＿＿＿＿　准考證號碼：＿＿＿＿＿＿＿＿＿＿＿＿

原料名稱		百分比(%)	重量(公克)	製 作 條 件
原料肉	豬後腿瘦肉	75	1,500	1. 原料肉＿＿2,000＿＿公克。 2. 原料肉（瘦肉）溫度＿-3＿℃。 3. 絞碎後瘦肉溫度＿2＿℃。 4. 打漿完成時肉溫＿5＿℃。 5. 水煮水溫＿85＿℃。 　時間：＿30＿分鐘。 6. 水煮完成時肉中心溫度＿72＿℃。 7. 冷卻產品總重量＿1,880＿公克。 8. 製成率＝ 　產品總量／原料肉重 ×100% 　＝＿1,800＿／＿2,000＿×100% 　＝＿94＿%
	肥肉	25	500	
	小計	100	2,000	
調配料（以主原料重為100%計算）	食鹽	1.7	34	
	砂糖	3.0	60	
	味精	0.8	16	
	白胡椒粉	0.2	4	
	磷酸鹽	0.25	5	
	小計	5.95	119	
合計		105.95	2,119	

檢定場地專業設備

（每人份）

編號	名稱	設備規格	單位	數量	備註
1	絞肉機	不鏽鋼，網孔約 3、5、7mm 各 1，1Hp 以上需有絞冷凍肉能力，入口附安全裝置。	台	1	共用
2	攪拌機	3/4Hp，配置 10 公升以上攪拌缸（附安全護網、漿狀及鉤狀攪拌器）。	台	1	配置於工作檯旁或附近

檢定材料表　　　　　　　　　　　　　　　　　　　　（每人份）

編號	名稱	材料規格	單位	數量	備　註
1	豬後腿瘦肉	脂肪覆蓋 0mm	公克	2,500	冷凍肉，切片厚 5～8mm
2	肥肉	豬背脂	公克	900	冷凍肉，切片厚 5～8mm
3	食鹽	精製	公克	100	
4	砂糖	特砂	公克	100	
5	味精	結晶狀	公克	50	
6	白胡椒粉	粉末	公克	10	
7	磷酸鹽	食品級 (肉製品適用)	公克	10	

附註：表列材料數量係供術科主辦單位準備材料用，非考試製作數量。

2-2　顆粒香腸類

一、中式香腸 (094-910301B)

⊙**完成時限** 4 小時（含另外一種產品）

製作配方

原料名稱		百分比 (%)
原料肉	豬瘦肉	70
	豬背脂肪	30
	小計	100
調配料（以主原料肉重為100％計算）	食鹽	1.0～2.0
	砂糖	5.0～10.0
	味精	0.5～1.0
	肉桂粉	0.03～0.09
	五香粉	0.01～0.05
	白胡椒粉	0.1～0.3
	酒	3.0
	磷酸鹽	0.2
	亞硝酸鈉（若使用商業型亞硝酸鹽產品，須依其實際純度含量計算，調整其使用百分比）	0.012
	異抗壞血酸鈉	0.05
	小計	
合計		

備註：未列正確百分比之原料，請自行擬定。

試題說明

1. **處理過程**：以豬肉為原料，經絞碎、混合、醃漬、充填、吊掛、及適當乾燥之製品。

2. **產品外觀**：以豬腸衣充填，外表油潤光澤，無污物，粗細長短一致，切面質地均勻，呈良好的醃漬肉色。

3. **產品質地風味**：製品無澀味或不正常風味，質地風味良好。

4. 須使用機器混合、攪拌，用手攪拌扣 41 分。

5. 使用手動充填機操作須在 30 分鐘內完成，使用油壓充填機操作須在 20 分鐘內完成，超過扣 41 分。

製作數量表

1. 製作以原料肉計算之中式香腸製品，分節每節長 10 ～ 12cm。

2. 使用說明：應檢人代表自下列三個題目中每場抽籤取用。

　❖ 2.0 公斤。

　❖ 2.2 公斤。

　❖ 2.5 公斤。

製作方法

1. 豬瘦肉經 7 ～ 10mm 網孔的絞肉機絞碎後備用。

2. 豬背脂肪切成約 3 ～ 4mm 粒狀（不可經絞碎處理）。

3. 瘦肉置入攪拌缸（缸鍋下應放置冰塊降溫），依序加入磷酸鹽和食鹽，以漿狀或鉤狀攪拌器中速攪拌 5 ～ 8 分鐘抽出鹽溶性蛋白質。

4. 加入砂糖、味精、肉桂粉等其他的調配料混勻。

5. 同時加入米酒攪拌均勻。

6. 加入切成粒狀的豬背脂肪混合均勻。

7. 冷藏醃漬。

8. 充填。

9. 整型分節（每節長 10 ～ 12cm）。

10. 除氣泡。

11. 吊掛後乾燥（55 ～ 60℃，1.5 ～ 2.5 小時）。

12. 成品。

★ ⯈ **製作要領和注意事項**

1. 肥肉（脂肪）不可絞碎，且肥肉完成切粒狀後也應冷藏備用，避免升溫，以免乾燥過程時易發生出油現象。

2. 原料肉不可用手攪拌。

3. 砂糖、味精、肉桂粉等其他的調配料加入前，宜先置入塑膠袋中預混均勻。

4. 檢定術科測驗須在時限內完成，故冷藏醃漬可縮短為 10 ～ 20 分鐘。

5. 完成攪拌之原料肉置入充填桶時，宜壓平緊密並減少有隙縫情形，可避免充填時發生氣爆現象。

6. 充填時使用豬腸衣，應先洗淨。

7. 開始充填時，腸衣出口輕輕按即可，以利空氣排出，不可捏住，否則會有充氣現象。

8. 充填操作不可超出時限，手動充填機操作須在 30 分鐘內完成，使用油壓充填機須在 20 分鐘內完成（請依照中式香腸的試題說明）。

9. 充填後腸衣整形時，可用雙手手掌輕輕按壓同時左右移動，使原料肉分布均勻。

10. 腸衣分節時，可用拇指及食指用力壓開，不必用繩子綁開，每節長 10 ～ 12 cm（請依照中式香腸製作數量表的說明），另應避免充填時的原料肉使腸衣過度飽滿，將有利於分節操作。

11. 整型分節後，如有氣泡，可用大頭針或牙籤刺入腸衣將氣泡引導出。

12. 吊掛時，需注意肉串間不可有接觸現象，避免乾燥時發色不均勻。

13. 乾燥溫度得視情形調為 60 ～ 65℃（於產品外表無出油之情形下）。

14. 中式香腸產品外觀大小形狀要均一。

15. 中式香腸產品外表不可出油。

16. 中式香腸產品結著要良好。

17. 中式香腸產品表面發色要良好。

製作報告表

（本報告表之內容僅供參考，請依實際製作情形確實記錄）

應檢人姓名：＿＿＿＿＿＿＿＿＿＿＿＿＿　准考證號碼：＿＿＿＿＿＿＿＿＿＿＿＿＿

	原料名稱	百分比 (%)	重量 (公克)	製 作 條 件
原料肉	豬瘦肉	70	1,400	1. 原料肉瘦肉重＿＿1,400＿＿公克。
	豬背脂肪	30	600	肥肉重＿＿＿600＿＿＿公克。
	小計	100	2,000	2. 原料肉絞碎溫度＿＿＿4＿＿＿℃。
調配料（以原料肉重為100%計算）	食鹽	1.5	30	3. 原料混合攪拌溫度＿＿＿6＿＿＿℃。
	砂糖	6.0	120	時間＿＿15＿＿分鐘。
	味精	0.8	16	4. 乾燥前重量＿＿2,200＿＿公克。
	肉桂粉	0.05	1	5. 乾燥溫度 57 ℃，時間 120 分鐘。
	五香粉	0.05	1	6. 乾燥後產品總重量＿＿1,800＿＿公克。
	白胡椒粉	0.2	4	7. 製成率＝
	酒	3.0	60	產品總重量／原料肉重 ×100%
	磷酸鹽	0.2	4	＝＿1,800＿／＿2,000＿×100%
	亞硝酸鈉（商業型亞硝酸鹽）	0.012 (0.12)	0.24 (2.4)	＝＿90＿%
	異抗壞血酸鈉	0.05	1	
	小計	11.862	237.24	
合計		111.862	2,237.24	

檢定場地專業設備　　　　　　　　　　　　　　　　　　（每人份）

編號	名稱	設備規格	單位	數量	備　註
1	絞肉機	不鏽鋼，網孔約 3、5、7mm 各 1，1Hp 以上需有絞冷凍肉能力，入口附安全裝置。	台	1	共用
2	攪拌機	3/4Hp，配置 10 公升以上攪拌缸（附安全護網、漿狀及鉤狀攪拌器）。	台	1	配置於工作檯旁或附近

編號	名稱	設備規格	單位	數量	備　註
3	充填機	不鏽鋼，手動式或油壓，容量6公升以上。	台	1	共用，2人1台
4	熱風乾燥機	可調溫，附不鏽鋼掛桿與網盤，內部 W70×H110×D50cm 或以上，電力 30A 或以上。	台	1	共用，附不鏽鋼掛桿（2支／人）、網盤（1個／人）。

檢定材料表

（每人份）

編號	名稱	材料規格	單位	數量	備註
1	豬瘦肉	豬後腿肉	公克	2,000	冷藏或冷凍（考前應預先解凍）
2	豬肥肉	豬背脂肪	公克	900	冷藏或冷凍（考前應預先解凍）
3	食鹽	精製	公克	50	
4	砂糖	細砂	公克	300	
5	味精	結晶狀	公克	30	
6	肉桂粉	粉末	公克	10	
7	五香粉	粉末	公克	10	
8	白胡椒粉	粉末	公克	10	
9	酒	高粱酒或米酒等	公克	100	
10	磷酸鹽	食品級（肉製品適用）	公克	5	
11	亞硝酸鹽	食品級或特級試藥（肉製品適用）	公克	50	
12	異抗壞血酸鈉	食品級	公克	5	
13	豬腸衣	鹽醃漬品，扁平寬 2.5～3.5 公分	碼	20	
14	棉繩	直徑 0.5～1mm	公分	500	

附註：表列材料數量係供術科主辦單位準備材料用，非考試製作數量。

2-3　醃漬類

一、臘肉 (094-910301C)

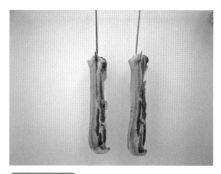

⊙**完成時限** 4 小時（含另外一種產品）

製作配方

	原料名稱	百分比 (%)
原料肉	帶皮豬腹脇肉（五花肉）或帶皮豬後腿肉	100
調配料（以原料肉重為100%計算）	食鹽	3～5
	砂糖	1.5～3
	味精	0.5～1.0
	白胡椒粉	0.1～0.3
	茴香粉	0.1～0.2
	花椒	0.1～0.2
	亞硝酸鈉（若使用商業型亞硝酸鹽產品，須依其實際純度含量計算，調整其使用百分比）	0.01
合計		

備註：未列正確百分比之原料，請自行擬定。

試題說明

1. **處理過程**：以帶皮豬腹脇肉（五花肉）或帶皮後腿肉為原料，切成適當條狀或片狀，再經醃漬、水洗、乾燥、燻煙而成之製品。

2. **產品外觀**：表面乾燥度適中且光潤平整，無污物。

3. **產品質地風味**：切面色澤與質地良好，無不良風味。

4. **備註**：本製程不需燻煙，但應填寫完整的製作報告表。

製作數量表

1. 製作以原料肉重計算切成厚 2.5～3.0cm 之肉條所製之臘肉製品。

2. 使用說明：應檢人代表自下列三個題目中每揚抽籤取用。

  ⁑ 1.8 公斤。

  ⁑ 1.5 公斤。

  ⁑ 1.2 公斤。

製作方法

1. 將帶皮的豬腹脇肉（五花肉）切條（每條切成厚 2.5～3.0cm）。	2. 將調配料塗抹均勻。	3. 冷藏醃漬。

4. 水洗。	5. 以不鏽鋼掛鉤吊掛後乾燥及燻煙（55～65℃，1.5～2.5 小時）。	6. 成品。

★ 製作要領和注意事項

1. 原料肉切片要正確，厚度 2.5～3.0cm（請依照臘肉製作數量表的說明）。

2. 所有調配料宜先置入塑膠袋中預混均勻。

3. 檢定術科測驗須在時限內完成，故冷藏醃漬可縮短為 10～20 分鐘。

4. 原料肉處理及醃漬操作要正確。

5. 乾燥前的半成品要水洗處理。

6. 乾燥時，需注意吊掛肉條間不可有接觸現象，避免乾燥時發色不均勻。

7. 燻煙的煙材，可選用硬木塊、鋸木屑或甘蔗渣。

8. 臘肉產品肉片要平整。

9. 臘肉產品表面應避免香辛料附著過多。

製作報告表

（本報告表之內容僅供參考，請依實際製作情形確實記錄）

應檢人姓名：＿＿＿＿＿＿＿＿＿＿＿　准考證號碼：＿＿＿＿＿＿＿＿＿＿＿

（一）製作表

	原料名稱	百分比(%)	重量(公克)	製　作　條　件
原料肉	帶皮豬腹脇肉（五花肉）或帶皮豬後腿肉	100	1,500	1. 原料肉重＿＿1,500＿＿公克。 2. 醃漬室溫度＿＿3＿＿℃。 　　醃漬完成肉中心溫度＿＿6＿＿℃。 3. 乾燥溫度＿＿57＿＿℃。 4. 乾燥時間＿＿120＿＿分鐘。 5. 產品總重量＿＿1,305＿＿公克。 6. 製成率 　＝產品總重／原料肉重 ×100% 　＝＿1,305＿／＿1,500＿×100% 　＝＿87＿%
調配料（以原料肉重為100%計算）	食鹽	4.0	60	
	砂糖	3.0	45	
	味精	1.0	15	
	白胡椒粉	0.3	4.5	
	茴香粉	0.2	3	
	花椒	0.2	3	
	亞硝酸鈉（商業型亞硝酸鹽）	0.01 (0.1)	0.15 (1.5)	
	小計	8.71	130.65	
	合計	108.71	1,630.65	

（二）請填寫燻煙製作時之條件：

1. 常使用之燻煙材料：＿＿硬木塊、鋸木屑＿＿。

2. 燻煙溫度：＿＿65＿＿℃。

3. 燻煙時間：＿＿60＿＿分鐘。

檢定場地專業設備

（每人份）

編號	名稱	設備規格	單位	數量	備註
1	熱風乾燥機	可調溫，附不鏽鋼掛桿與網盤，內部 W70×H110×D50cm 或以上，電力 30A 或以上。	台	1	共用，附不鏽鋼掛桿（2 支／人）、網盤（1 個／人）。
2	掛鉤	不鏽鋼	支	6	

檢定材料表

（每人份）

編號	名稱	材料規格	單位	數量	備註
1	豬肉	帶皮豬腹脇肉（五花肉）或帶皮後腿肉，整塊不分切	公克	1,900	冷藏或冷凍（考前應預先解凍）
2	食鹽	精製	公克	300	
3	砂糖	二砂	公克	100	
4	味精	結晶狀	公克	50	
5	白胡椒粉	粉末	公克	20	
6	茴香粉	粉末	公克	20	
7	花椒	顆粒狀	公克	20	
8	亞硝酸鈉	食品級或特級試藥（肉製品適用）	公克	50	

附註：表列材料數量係供術科主辦單位準備材料用，非考試製作數量。

二、板鴨 (094-910302C)

⏱ **完成時限** 4 小時（含另外一種產品）

製作配方

原料名稱		百分比 (%)
原料肉	鴨屠體	100
調配料（以原料肉重為100%計算）	食鹽	4～8
	砂糖	1～2
	味精	0.1～0.5
	白胡椒粉	0.05～0.2
	茴香粉	0.1～0.2
	花椒	0.1～0.2
	亞硝酸鈉（若使用商業型亞硝酸鹽產品，須依其實際純度含量計算，調整其使用百分比）	0.01
	小計	
合計		

備註：未列正確百分比之原料，請自行擬定。

試題說明

1. **處理過程**：以鴨屠體為原料，經清除內臟、整型、醃漬、水洗、乾燥、燻煙而成之製品。

2. **產品外觀**：產品呈扁平狀，不得附內臟，瘦肉呈微紅色之良好發色，外皮顏色正常。

3. **產品質地風味**：製品質地與風味良好。

4. **備註**：本製程不需燻煙，但應填寫完整的製作報告表。

製作數量表

使用說明：製作以原料鴨每隻重 1.5 公斤（含）以上為原則之板鴨產品。

製作方法

1. 鴨屠體除毛，切除鴨腳、鴨翅。

2. 鴨腿關節向外翻轉進行脫臼處理。

3. 切除鴨眼、鴨舌、下顎、肛門、泄殖腔等。

4. 切開胸腹部，去除內臟、淋巴結後洗淨。

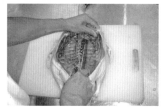

5. 切斷兩旁的胸肋，使鴨屠體能展開成扁平狀。

6. 將混勻的調配料塗抹於鴨屠體。

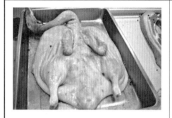

7. 冷藏醃漬。

8. 水洗處理。

9. 吊掛後乾燥及燻煙（55～65℃，1.5～2.5 小時）。

10. 成品。

製作要領和注意事項

1. 鴨屠體要去除殘毛。

2. 鴨翅（宜切除二節翅）、鴨腳要切除。

3. 鴨腿關節要脫臼處理。

4. 鴨屠體的眼、舌、下顎、肛門、泄殖腔、尾、淋巴結等要切除。

5. 鴨屠體的內臟要清理乾淨。

6. 肋骨要正確切斷。

7. 鴨屠體扁平操作要正確。

8. 鴨屠體外皮不可破裂。

9. 操作過程中應避免出現污染原料及產品之動作。

10. 所有調配料宜先置入塑膠袋中預混均勻。

11. 檢定術科測驗須在時限內完成，故冷藏醃漬可縮短為 10 ~ 20 分鐘。

12. 乾燥時，需注意吊掛鴨體間不可有接觸現象，避免乾燥時發色不均勻。

13. 乾燥溫度及時間要正確設定，並時常檢視顯示溫度是否達到設定值。

14. 板鴨產品表面香辛料不可附著過多。

15. 避免板鴨產品出油嚴重。

16. 燻煙的煙材，可選用硬木塊、鋸木屑或甘蔗渣。

製作報告表

（本報告表之內容僅供參考，請依實際製作情形確實記錄）

應檢人姓名：＿＿＿＿＿＿＿＿＿＿＿＿＿　准考證號碼：＿＿＿＿＿＿＿＿＿＿＿＿＿

（一）製作表

	原料名稱	百分比(%)	重量(公克)	製 作 條 件
原料肉	鴨屠體	100	2,000	1. 鴨屠體數量＿＿1＿＿隻。 　總重＿＿2,000＿＿克。 2. 醃漬室溫度＿＿3＿＿℃。 　醃漬完成原料肉中心溫度 6 ℃。 3. 乾燥溫度＿＿57＿＿℃。 　乾燥時間＿＿120＿＿分鐘。 4. 產品總重量＿＿1,720＿＿公克。 5. 製成率 ＝產品總重／鴨屠體重×100% ＝ 1,720 ／ 2,000 ×100% ＝ 86 %
調配料（以原料肉重為100%計算）	食鹽	5.0	100	
	砂糖	2.0	40	
	味精	0.5	10	
	白胡椒粉	0.2	4	
	茴香粉	0.1	2	
	花椒	0.1	2	
	亞硝酸鈉（商業型亞硝酸鹽）	0.01 (0.1)	0.2 (2)	
	小計	7.91	158.2	
合計		107.91	2,158.2	

（二）請填寫燻煙製作時之條件：

1. 常使用之燻煙材料：＿硬木塊、鋸木屑＿。

2. 燻煙溫度：＿65＿℃。

3. 燻煙時間：＿60＿分鐘。

檢定場地專業設備 （每人份）

編號	名稱	設備規格	單位	數量	備註
1	熱風乾燥機	可調溫，附不鏽鋼掛桿與網盤，內部 W70×H110×D50cm 或以上，電力 30A 或以上。	台	1	共用，附不鏽鋼掛桿（2 支／人）、網盤（1 個／人）。

檢定材料表 （每人份）

編號	名稱	材料規格	單位	數量	備註
1	鴨	市售鴨屠體，每隻重 1.5 公斤（含）以上	公克	1	
2	食鹽	精製	公克	300	
3	砂糖	二砂	公克	150	
4	味精	結晶狀	公克	50	
5	白胡椒粉	粉末，市售品	公克	20	
6	茴香粉	粉末	公克	20	
7	花椒	顆粒狀	公克	20	
8	亞硝酸鈉	食品級或特級試藥（肉製品適用）	公克	50	

附註：表列材料數量係供術科主辦單位準備材料用，非考試製作數量。

2-4　乾燥類

一、肉酥 (094-910301D)

⊙**完成時限** 4 小時（含另外一種產品）

製作配方

原料名稱		百分比 (%)
原料肉	揉絲、調味之豬後腿熟肉	100
調配料（以原料肉重為一〇〇％計算）	豬油	14～20
	小計	
合計		

備註：未列正確百分比之原料，請自行擬定。

試題說明

1. **處理過程**：以經揉絲及調味之豬後腿熟肉為原料，經焙炒、潑灑豬油而成之產品。

2. **產品外觀**：成品外觀呈金黃色，具適當膨鬆性，色澤均勻。

3. **產品質地風味**：酥度佳，並具有良好口感及風味。

製作數量表

1. 製作以揉絲、調味之豬後腿熟肉計算之肉酥產品。

2. **使用說明**：應檢人代表自下列三個題中每場抽籤取用。
   ❖ 1.8 公斤。
   ❖ 2.0 公斤。
   ❖ 2.2 公斤。

製作方法

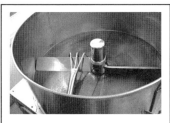

1. 將旋轉式的焙炒乾燥機及手耙洗淨，點燃爐火消除水分，並加入少許豬油熱勻。

2. 置入揉絲及調味之豬後腿熟肉，調整中大爐火，以手耙進行拌勻焙炒。

3. 焙炒至原料熟肉以手感覺乾燥度較佳時，均勻的添加（潑灑）豬油。

4. 待焙炒至外觀色澤均勻呈金黃色，具適當膨鬆性時取出。

5. 鋪平冷卻即為成品。

★ 製作要領和注意事項

1. 焙炒溫度及時間要妥善控制，初始焙炒時可用中大爐火，添加（潑灑）油前的爐火應調整為中小火，可避免肉酥產品產生焦黑現象。

2. 添加（潑灑）油前的焙炒肉酥應有適度的乾燥度。

3. 豬油應先加熱溶解，切勿過熱產生冒煙現象，豬油油溫宜控制為 160 ～ 180℃。

4. 焙炒原料熟肉如乾燥度不夠或豬油不夠熱，成品則不會呈酥感。

5. 添加（潑灑）油要均勻，並避免燙傷。

6. 製作報告表要正確填寫。

7. 肉酥的膨鬆性要良好。

8. 肉酥產品不可有雜質（如筋膜、肥肉及焦黑等）。

9. 避免肉酥產品有凝結塊。

10. 避免肉酥產品色澤不均勻。

11. 肉酥成品應呈均勻的金黃色且酥度佳，並具有良好口感及風味。

製作報告表

（本報告表之內容僅供參考，請依實際製作情形確實記錄）

應檢人姓名：＿＿＿＿＿＿＿＿＿＿＿＿＿＿＿ 准考證號碼：＿＿＿＿＿＿＿＿＿＿＿＿＿＿＿

	原料名稱	百分比 (%)	重量 (公克)	製 作 條 件
原料肉	揉絲、調味之豬後腿熟肉	100	2,000	1. 焙炒前肉重＿＿2,000＿＿公克。 2. 以文火焙炒時間＿＿28＿＿分鐘。 3. 以強火焙炒時間＿＿15＿＿分鐘。 4. 加豬油油溫＿＿＿170＿＿＿℃。 5. 產品總重量＿＿1,960＿＿公克。 6. 製成率
調配料（以原料肉重為一〇〇％計算）	豬油	17	340	＝產品總重量／揉絲、調味之豬後腿熟肉 ×100%
	小計	17	340	＝_1,960_／_2,000_×100% ＝_98_%
合計		117	2,340	

檢定場地專業設備　　　　　　　　　　　　　（每人份）

編號	名稱	設備規格	單位	數量	備　註
1	焙炒乾燥機	旋轉式，附手鏟、手耙、木槌	台	2	每台限 1 人使用

檢定材料表　　　　　　　　　　　　　　　　（每人份）

編號	名稱	材料規格	單位	數量	備　註
1	原料肉	揉絲、調味之豬後腿熟肉（含白豆粉 12%）	公克	2,500	
2	豬油	純豬油	公克	500	

附註：表列材料數量係供術科主辦單位準備材料用，非考試製作數量。

二、豬肉乾（肉脯）(094-910302D)

⏱ **完成時限** 4 小時（含另外一種產品）

製作配方

	原料名稱	百分比 (%)
原料肉	豬後腿瘦肉	100
調配料（以原料肉重為100%計算）	食鹽	1～2
	砂糖	8～25
	味精	0.5～1.0
	醬油	0.5～4
	肉桂粉	0.03
	五香粉	0.01～0.02
	己二烯酸鉀	0.2
	亞硝酸鈉（若使用商業型亞硝酸鹽產品，須依其實際純度含量計算，調整其使用百分比）	0.01
	異抗壞血酸鈉	0.05
	磷酸鹽	0.25
	食用紅色六號色素	0.008
	小計	
合計		

註：未列正確百分比之原料，請自行擬定。

試題說明

1. **處理過程**：以豬後腿瘦肉為原料，經適當切片、醃漬、平鋪、乾燥並烤熟之產品。

2. **產品外觀**：產品外觀呈紅褐色，具光澤。

3. **產品質地風味**：口感及風味良好。

4. 須使用機器切片，用手工切片扣41分。

製作數量表

1. 製作以生原料肉重計算豬肉乾（肉脯）產品。（原料肉每片厚 2.5 ～ 3.5mm）。

2. 使用說明：應檢人代表自下列三題中每場抽籤取用。

   ❖ 1.0 公斤。

   ❖ 1.2 公斤。

   ❖ 1.4 公斤。

製作方法

1. 豬後腿瘦肉修除表面的筋膜、脂肪。

2. 切片（肉溫以 -2 至 -5℃ 時為佳，每片厚 2.5～3.5mm）。

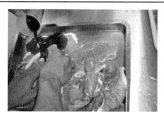

3. 切片肉與調配料混勻。

4. 冷藏醃漬。

5. 平鋪於不鏽鋼網盤。

6. 乾燥（55～60℃，1～2 小時）。

7. 置入烤箱中烤熟（180～220℃，5～10分鐘）後，剪切成每片長10～12cm，寬6～8cm。

8. 成品。

製作要領和注意事項

1. 原料肉切片要正確，厚度 2.5 ～ 3.5mm（請依照豬肉乾製作數量表的說明）。

2. 應使用切片機切片，初切的厚度可用量尺確認，俾利適度調整厚度。

3. 檢定術科測驗須在時限內完成，故冷藏醃漬可縮短為 10 ～ 20 分鐘。

4. 原料平鋪前的不鏽鋼網盤可先塗些食用油，可避免肉片黏在網盤上，俾利肉片起取及翻面。

5. 肉片平鋪時應順著肌纖維方向，使兩肉片間有 0.5 ～ 1.0cm 的重疊，俟乾燥後可使肉片凝固聯接。

6. 乾燥溫度及時間要正確設定，並時常檢視顯示溫度是否達到設定值。

7. 乾燥 30 ～ 60 分鐘後，應視情況將肉片翻面，可使乾燥程度較均勻。

8. 烘烤溫度及時間要妥善控制，避免豬肉乾產生焦黑現象。

9. 烤熟過程應視情形翻面，使受熱較均勻。

10. 豬肉乾不可未烤熟。

11. 豬肉乾厚度要均一。

12. 豬肉乾質地不可過度堅硬。

13. 豬肉乾不可有破洞。

14. 豬肉乾外觀要良好。

15. 豬肉乾色澤要均勻良好。

製作報告表

（本報告表之內容僅供參考，請依實際製作情形確實記錄）

應檢人姓名：＿＿＿＿＿＿＿＿＿＿＿　　准考證號碼：＿＿＿＿＿＿＿＿＿＿＿

	原料名稱	百分比 (%)	重量 (公克)	製　作　條　件
原料肉	豬後腿瘦肉	100	1,200	1. 原料肉重＿＿＿1,200＿＿＿公克。 2. 原料肉修整後重＿1,150＿公克。
調配料（以原料肉重為100%計算）	食鹽	1.6	19.2	3. 切片厚度＿＿＿3.0＿＿＿mm。
	砂糖	22	264	4. 醃漬溫度＿＿＿3＿＿＿℃。
	味精	0.8	9.6	醃漬時間＿＿＿10＿＿＿分鐘。
	醬油	2.0	24	5. 乾燥溫度＿＿＿57＿＿＿℃。
	肉桂粉	0.03	0.36	時間＿＿＿60＿＿＿分鐘。
	五香粉	0.02	0.24	6. 焙烤溫度＿＿＿200＿＿＿℃。
	己二烯酸鉀	0.2	2.4	時間＿＿＿8＿＿＿分鐘。
	亞硝酸鈉（商業型亞硝酸鹽）	0.01 (0.1)	0.12 (1.2)	7. 產品總重量＿＿＿960＿＿＿公克。
	異抗壞血酸鈉	0.05	0.6	8. 製成率
	磷酸鹽	0.25	3	＝產品總重／原料肉重 ×100%
	食用紅色六號色素	0.008	0.096	＝＿960＿／＿1,200＿×100%
	小計	26.968	323.616	＝＿80＿%。
合計		126.968	1,523.616	

檢定場地專業設備 （每人份）

編號	名稱	設備規格	單位	數量	備註
1	切片機	不鏽鋼、自動或半自動，厚度可調式，豬肉乾、牛肉乾適用。	台	1	共用
2	不鏽鋼網盤	細網盤或打洞不鏽鋼盤、豬肉乾整型用長約 40 公分、寬 40 公分以上，可放入熱風乾燥機。	個	1	
3	烤箱	電或瓦斯為熱源，每層 3KW，附烤盤。	台	1	共用
4	厚度計	0～10mm，0.01mm 精度。	支	2	共用

檢定材料表 （每人份）

編號	名稱	材料規格	單位	數量	備　註
1	豬後腿肉	去皮去脂，不含腱肉之豬後腿瘦肉，不分切	公克	1,600	冷凍或冷藏
2	食鹽	精製	公克	50	
3	砂糖	特砂或二砂	公克	300	
4	味精	結晶狀	公克	20	
5	醬油	甲等，市售品	公克	50	
6	肉桂粉	粉末	公克	10	
7	五香粉	粉末	公克	10	
8	已二烯酸鉀	食品級	公克	10	
9	亞硝酸鈉	食品級或特級試藥（肉製品適用）	公克	100	
10	異抗壞血酸鈉	食品級	公克	10	
11	磷酸鹽	食品級（肉製品適用）	公克	10	
12	食用紅色六號色素	食品級	公克	5	
13	豬油	純豬油	公克	50	
14	沙拉油	大豆	公克	50	

附註：表列材料數量係供術科主辦單位準備材料用，非考試製作數量。

三、牛肉乾 (094-910303D)

⊙完成時限 4 小時（含另外一種產品）

製作配方

	原料名稱	百分比 (%)
水煮原料肉	牛後腿肉、肩胛里肌（黃瓜條）	100
	水	100
	小計	200
滷煮調配料（以水煮後原料肉重為100%計算）	水煮後原料肉	100
	食鹽	1.5～2
	砂糖	10～25
	味精	0.5～1.0
	麥芽糖	2～4
	辣椒粉	0.2～0.8
	五香粉	0.1～0.3
	己二烯酸鉀	0.25
	食用黃色五號色素	0.04
	肉汁	20
	小計	
合計		

備註：未列正確百分比之原料，請自行擬定。

試題說明

1. **處理過程**：以牛之後腿肉、肩胛里肌（黃瓜條）等為原料，經適當水煮、切片，並與調配料滷煮，再經適當乾燥而成之產品。

2. **產品外觀**：產品外觀平整，且具有適當柔嫩度。

3. **產品質地風味**：具良好口感及風味。

4. 須使用機器切片，用手工切片扣 41 分。

製作數量表

使用說明：製作以生原料肉重約 1.5 公斤之牛肉乾產品（水煮後原料肉切片厚 2 ～ 3mm）。

製作方法

 1. 牛後腿肉水煮至中心溫度 50～55℃時取出。	 2. 冷卻後以切片機進行切片（厚度約2.0～3.0mm）。	 3. 牛肉片與滷煮調配料混勻。
 4. 以溫小火滷煮至滷汁液幾乎呈乾涸狀。	 5. 將肉片平舖於不鏽鋼網盤。	 6. 乾燥（45～55℃，2～3小時）。
 7. 成品。		

★ 製作要領和注意事項

1. 水煮後原料肉切片要正確，厚度要均一，厚度2.0～3.0mm（請依照牛肉乾製作數量表的說明）。

2. 要使用切片機切片，切片時，應順著肌纖維方向進行。

3. 滷煮調配料的肉汁係指水煮原料肉後的湯汁。

4. 進行滷煮時，應適度的翻勻，並應避免以大火滷煮，導致牛肉乾產品中心入味不足。

5. 肉片平鋪時，務求肉片鋪平，且肉片間不宜有接觸或重疊現象。

6. 乾燥溫度及時間要正確設定，並時常檢視顯示溫度是否達到設定值。

7. 乾燥 30 ～ 60 分鐘，視情形將肉片翻面，以使受熱均勻。

8. 牛肉乾產品質地不可過度堅硬。

9. 牛肉乾產品碎片不可太多。

10. 避免牛肉乾產品中心明顯入味不足。

製作報告表

（本報告表之內容僅供參考，請依實際製作情形確實記錄）

應檢人姓名：＿＿＿＿＿＿＿＿＿＿　准考證號碼：＿＿＿＿＿＿＿＿＿＿

	原料名稱	百分比(%)	重量(公克)	製 作 條 件
原料肉	牛後腿肉、肩胛里肌或黃瓜條	100	1,500	1. 原料肉重＿＿1,500＿＿公克。
	水	100	1,500	2. 修整後之原料肉重1,460公克。
	小計	200	3,000	3. 水煮後原料肉中心溫度 52 ℃。
調配料（以水煮後原料肉重為100%計算）	水煮後原料肉	100	1,170	4. 切片厚度＿＿2.5＿＿mm。
	食鹽	1.6	18.72	5. 滷煮攪拌時間＿25＿分鐘。
	砂糖	18	210.6	6. 乾燥溫度＿＿52＿＿℃。
	味精	0.8	9.36	時間＿150＿分鐘。
	麥芽糖	3	35.1	7. 冷卻後產品總重量 1,125 公克。
	辣椒粉	0.5	5.85	8. 製成率
	五香粉	0.1	1.17	＝產品總重／原料肉重×100%
	己二烯酸鉀	0.25	2.925	＝1,125／1,500×100%
	食用黃色五號色素	0.04	0.468	＝ 75 %
	肉汁	20	234	
	小計	144.29	1,688.193	
合計		344.29	4,688.193	

檢定場地專業設備 （每人份）

編號	名稱	設備規格	單位	數量	備 註
1	切片機	不鏽鋼、自動或半自動，厚度可調式，豬肉乾、牛肉乾適用	台	1	共用
2	厚度計	0～10mm，0.01mm 精度	支	2	共用

檢定材料表 （每人份）

編號	名稱	材料規格	單位	數量	備註
1	牛肉	牛後腿瘦肉	公克	1,600	冷藏或冷凍肉
2	食鹽	精製	公克	50	
3	砂糖	二砂或特砂	公克	600	
4	味精	結晶狀	公克	20	
5	麥芽糖	市售品，透明、無色	公克	200	
6	辣椒粉	粉末	公克	10	
7	五香粉	粉末	公克	10	
8	己二烯酸鉀	食品級	公克	10	
9	食用黃色五號色素	食品級	公克	5	
10	肉汁	水煮原料肉之汁液	公克	500	

附註：表列材料數量係供術科主辦單位準備材料用，非考試製作數量。

四、肉角 (094-910304D)

⏱**完成時限** 4 小時（含另外一種產品）

製作配方

	原料名稱	百分比 (%)
水煮原料肉	豬後腿瘦肉	100
	水	100
	小計	200
滷煮調配料（以水煮後原料肉為100%計算）	水煮後原料肉	100
	食鹽	1.5～2
	砂糖	10～25
	味精	0.5～1
	醬油	0.8～1.5
	辣椒粉	0.2～0.8
	五香粉	0.2～0.5
	麥芽糖	2～4
	食用黃色五號色素	0.04
	肉汁	20
	小計	
合計		

備註：未列正確百分比之原料，請自行擬定。

試題說明

1. **處理過程**：以豬後腿瘦肉為原料，經適當修整、水煮、切角、滷煮、乾燥而成之產品。

2. **產品外觀**：產品色澤均勻，大小均一。

3. **產品質地風味**：具良好咬感及風味。

製作數量表

使用說明：製作以生豬後腿瘦肉重約 1.6 公斤之肉角產品（水煮後原料肉切成 10 ～ 15mm 之肉片，再切成長寬 10 ～ 20mm 大小之肉粒）。

製作方法

1. 豬後腿瘦肉修除表面可見的筋膜、脂肪。

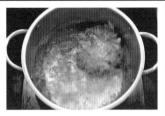

2. 水煮至肉中心溫度 60 ～ 65℃時取出。

3. 冷卻後切成 10 ～ 15mm 的肉片。

4. 再切成長寬 10 ～ 20mm 大小的肉粒。

5. 肉粒與滷煮調配料混勻。

6. 以溫小火滷煮至滷汁液幾乎呈乾涸狀。

7. 肉粒平鋪於不鏽鋼網盤。

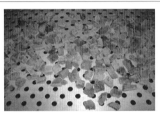

8. 乾燥（45 ～ 55 ℃，2 ～ 3 小時）。

9. 成品。

製作要領和注意事項

1. 水煮後原料肉切成 10 ～ 15mm 之肉片，再切成長寬 10 ～ 20mm 大小之肉粒（請依照肉角製作數量表的說明）。

2. 滷煮調配料的肉汁係指水煮原料肉後的湯汁。

3. 進行滷煮時，應適度的翻勻，避免過度翻攪導致肉角碎片太多，且應避免以大火滷煮，導致肉角產品中心入味不足。

4. 肉粒平鋪時，肉粒間不宜有接觸或重疊現象。

5. 乾燥溫度及時間要正確設定，並時常檢視顯示溫度是否達到設定值。

6. 乾燥 30 ～ 60 分鐘，視情形將肉粒翻面，以使受熱均勻。

7. 肉角產品不可不熟。

8. 肉角產品質地避免過度堅硬。

9. 肉角產品碎片避免太多。

10. 肉角產品色澤要均一。

11. 避免肉角產品中心入味明顯不足。

12. 肉角產品應色澤均勻，大小均一，且具有良好咬感及風味。

製作報告表

（本報告表之內容僅供參考，請依實際製作情形確實記錄）

應檢人姓名：＿＿＿＿＿＿＿＿＿＿＿＿＿＿　准考證號碼：＿＿＿＿＿＿＿＿＿＿＿＿＿＿

	原料名稱	百分比 (%)	重量 (公克)	製 作 條 件
水煮原料肉	豬後腿瘦肉	100	1,600	1. 原料肉重＿＿1,600＿＿公克。
	水	100	1,600	2. 原料肉修整後重＿1,530＿公克。
	小計	200	3,200	3. 水煮完成中心溫度＿60＿℃。
滷煮調配料（以水煮後原料肉重為100％計算）	水煮後原料肉	100	1,280	4. 水煮後肉重＿＿1,280＿＿公克。
	食鹽	1.6	20.48	5. 滷煮攪拌時間＿＿25＿＿分鐘。
	砂糖	20	256	6. 乾燥溫度＿＿＿52＿＿＿℃。
	味精	0.8	10.24	時間＿＿120＿＿分鐘。
	醬油	1.5	19.2	7. 冷卻產品總重量＿1,248＿公克。
	辣椒粉	0.5	6.4	8. 製成率
	五香粉	0.2	2.56	＝產品總重量／生原料肉重
	麥芽糖	3	38.4	×100%
	食用黃色五號色素	0.04	0.512	＝_1,248_／_1,600_×100%
	肉汁	20	256	＝＿78＿%
	小計	147.64	1,899.792	
合計		347.64	5,089.792	

檢定場地專業設備

專業設備無，使用基本設備即可。

檢定材料表

（每人份）

編號	名　稱	材料規格	單位	數量	備　註
1	豬後腿肉	去皮去脂不含腱肉之豬後腿瘦肉	公克	1,700	冷凍或冷藏
2	食鹽	精製	公克	100	
3	砂糖	二砂	公克	600	
4	味精	結晶狀	公克	50	
5	醬油	甲級，深色，市售品	公克	100	
6	辣椒粉	粉末	公克	20	
7	五香粉	粉末	公克	20	
8	麥芽糖	市售品，透明、無色	公克	100	
9	食用黃色五號色素	食品級	公克	5	
10	肉汁	水煮原料肉之汁液	公克	500	

附註：表列材料數量係供術科主辦單位準備材料用，非考試製作數量。

五、肉條 (094-910305D)

⏱完成時限 4 小時（含另外一種產品）

製作配方

	原料名稱	百分比 (%)
水煮原料肉	生豬後腿瘦肉	100
	水	100
	小計	200
滷煮調配料（以水煮後原料肉重為100%計算）	水煮後原料肉	100
	食鹽	0.8～1.4
	砂糖	8～14
	味精	0.5～1
	醬油	1～2
	辣椒粉	0.1～0.4
	五香粉	0.1～0.4
	麥芽糖	2～4
	食用黃色五號色素	0.04
	己二烯酸鉀	0.25
	肉汁	20
	小計	
合計		

備註：未列正確百分比之原料，請自行擬定。

試題說明

1. **處理過程**：以豬後腿瘦肉為原料，經適當修整、水煮後撕條，再與調味料滷煮，並經適當乾燥而成之產品。

2. **產品外觀**：外觀呈條狀，色澤均勻。

3. **產品質味地味**：產品具良好口感及風味。

製作數量表

使用說明：製作以生豬後腿瘦肉重約 1.6 公斤之肉條產品（產品長 4～7 公分，寬約 1 公分）。

製作方法

1. 豬後腿瘦肉修除表面可見的筋膜、脂肪。

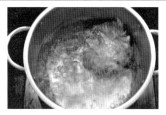

2. 水煮至肉中心溫度 60 ～ 65℃時取出。

3. 冷卻後切（撕）成條狀（長 4 ～ 7cm，寬約 1cm）。

4. 撕好的肉條與滷煮調配料混勻。

5. 以溫小火滷煮至滷汁液幾乎呈乾涸狀。

6. 肉條平鋪於不鏽鋼網盤，乾燥（45 ～ 55℃，2 ～ 3 小時）後即為成品。

★ 製作要領和注意事項

1. 水煮後原料肉切（撕）條要正確，長 4 ～ 7cm，寬約 1cm（請依照肉條製作數量表的說明）。

2. 滷煮調配料的肉汁係指水煮原料肉後的湯汁。

3. 進行滷煮時，應適度的翻勻，並應避免以大火滷煮，導致肉條產品中心入味不足。

4. 肉條平鋪時，肉條間不宜有接觸或重疊現象。

5. 乾燥溫度及時間要正確設定，並時常檢視顯示溫度是否達到設定值。

6. 乾燥 30 ～ 60 分鐘，視情形將肉條翻面，以使受熱均勻。

7. 肉條產品不可不熟。

8. 肉條產品質地避免過度堅硬。

9. 肉條產品碎片避免太多。

10. 肉條產品色澤要均一。

11. 避免肉條產品中心入味明顯不足。

12. 肉條產品外觀呈條狀，色澤均勻，且具良好口感及風味。

製作報告表

（本報告表之內容僅供參考，請依實際製作情形確實記錄）

應檢人姓名：_____　准考證號碼：_____

	原料名稱	百分比(%)	重量(公克)	製作條件
水煮原料肉	生豬後腿瘦肉	100	1,600	1. 原料肉重 ___1,600___ 克。
	水	100	1,600	2. 原料肉修整後重 __1,540__ 公克。
	小計	200	3,200	3. 水煮完成中心溫度 __60__ ℃。
調配料（以水煮後原料肉重為一〇〇%計算）	水煮後原料肉	100	1,280	時間 __60__ 分鐘。
	食鹽	1.4	17.92	4. 撕條溫度 __40__ ℃。
	砂糖	12	153.6	5. 撕條長約 6 公分，寬約 1 公分。
	味精	1.0	12.8	6. 滷煮攪拌時間 __23__ 分鐘。
	醬油	1.5	19.2	7. 乾燥溫度 __52__ ℃。
	辣椒粉	0.3	3.84	時間 __120__ 分鐘。
	五香粉	0.1	1.28	8. 產品總重量 __1,216__ 公克。
	麥芽糖	3.0	38.4	9. 製成率
	食用黃色五號色素	0.04	0.512	＝產品總重量／生原料肉重
	己二烯酸鉀	0.25	3.2	×100%
	肉汁	20	256	＝ 1,216 ／ 1,600 ×100%
	小計	139.59	1,786.752	＝ __76__ %
合計		339.59	4,986.752	

檢定場地專業設備

專業設備無，使用基本設備即可。

檢定材料表

編號	名稱	材料規格	單位	數量	備　註
1	豬後腿肉	去皮去脂不含腱肉之豬後腿瘦肉	公克	1,700	冷凍或冷藏
2	食鹽	精製	公克	50	
3	砂糖	二砂	公克	400	
4	味精	結晶狀	公克	50	
5	醬油	甲級，深色，市售品	公克	100	
6	辣椒粉	粉末	公克	20	
7	五香粉	粉末	公克	20	
8	麥芽糖	市售品，透明、無色	公克	150	
9	食用黃色五號色素	食品級	公克	5	
10	己二烯酸鉀	食品級	公克	20	
11	肉汁	水煮原料肉之汁液	公克	500	

附註：表列材料數量係供術科主辦單位準備材料用，非考試製作數量。

2-5 調理類

一、燒烤調理類－烤雞 (094-910301E)

⊙完成時限 4 小時（含另外一種產品）

試題說明

1. **處理過程**：以雞屠體為原料，經清潔處理及適當醃漬後，再以瓦斯或天然氣燒烤而成之產品。

2. **產品外觀**：表皮具光澤，色澤均勻呈金黃色。

3. **產品質地風味**：質地與風味均良好。

製作配方

製作數量表

使用說明：製作以原料雞每隻重 1.2 公斤（含）以上為原則之烤雞產品。

	原料名稱	百分比 (%)
原料肉	雞屠體	100
內部醃料（以原料肉重為100%計算）	食鹽	1～2
	砂糖	2～5
	味精	0.5～1
	陳皮粉	0.01～0.5
	山奈粉	0.01～0.1
	肉桂粉	0.01～0.1
	小計	
雞皮水	水	5
	麥芽糖	3～6
	白醋	5
	小計	
合計		

備註：未列正確百分比之原料，請自行擬定。

製作方法

1. 雞屠體除毛、去雞腳、清內臟後洗淨。

2. 內部醃料混勻後塗抹於雞胸腔。

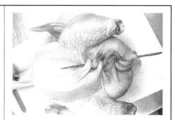

3. 以尾針將屠體切口縫合。

4. 冷藏醃漬。

5. 雞皮水加熱攪拌溶勻備用。

6. 刷雞皮水。

7. 吊掛於燒烤爐，以瓦斯或天然氣燒烤。

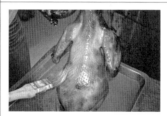

8. 以 180 ～ 220℃燒烤，過程中每 5 ～ 10 分鐘取出刷雞皮水。

9. 燒烤至雞腿肉內側中心溫度達 80℃時取出，即為成品。

製作要領和注意事項

1. 原料雞的殘毛、內臟要清理乾淨，並將雞腳切除。

2. 所有的內部醃料宜先置入塑膠袋中預先混勻。

3. 屠體切口要正確縫合，縫尾針的針頭宜朝雞頭方向，左手抓住切口兩側，右手持尾針先穿過切口兩側（可由左側往右側穿刺，穿刺點最好距離切口上緣約 4 ～ 5mm，可避免破裂），尾針再往上繞過切口上方，再往下接續穿過切口兩側（仍由左側往右側穿刺），以此螺旋方式直至完成縫合，將尾針固定。縫合的針距宜短且緊密，始可避免燒烤過程中的內部汁液流出。

4. 檢定術科測驗須在時限內完成，故冷藏醃漬可縮短為 10 ～ 20 分鐘。

5. 雞皮水應先加熱拌勻。

6. 操作過程中應避免將不當之物，放置於機具上或周圍。

7. 可用不鏽鋼雙掛鉤吊掛，需注意吊掛雞屠體間不可有接觸現象，避免燒烤時受熱不均勻，色澤不一致。

8. 燒烤過程中需每 5 ～ 10 分鐘取出一次（要戴防熱手套，小心被燙傷），刷 3 ～ 5 次的雞皮水，產品表皮始可具有光澤，且色澤均勻呈金黃色。

9. 燒烤溫度及時間要妥善控制，溫度過高烤雞易產生焦黑現象，溫度較低燒烤時間會延遲。

10. 烤雞產品不可不熟。

11. 烤雞產品色澤要均一。

12. 烤雞產品表皮要避免破裂。

製作報告表

（本報告表之內容僅供參考，請依實際製作情形確實記錄）

應檢人姓名：＿＿＿＿＿＿＿＿＿＿＿＿＿＿　准考證號碼：＿＿＿＿＿＿＿＿＿＿＿＿＿＿＿＿＿

原料名稱		百分比 (%)	重量（公克）	製 作 條 件
原料肉	雞屠體	100	1,500	1. 原料雞數量 1 隻，總重 1,500 公克。 2. 醃漬室溫度＿＿＿3＿＿＿℃。 　醃漬完成雞腿中心溫度＿＿7＿＿℃。 3. 燒烤溫度＿＿＿195＿＿＿℃。 4. 燒烤時間＿＿＿75＿＿＿分鐘。 5. 烤雞完成時雞腿中心溫度＿80＿℃。 6. 產品總重量＿＿＿1,125＿＿＿公克。 7. 製成率 　＝產品總重量／原料雞重 ×100% 　＝＿1,125＿／＿1,500＿ ×100% 　＝＿75＿%
內部醃料（以原料肉重為100%計算）	食鹽	1.5	22.5	
	砂糖	3.0	45	
	味精	0.8	12	
	陳皮粉	0.1	1.5	
	山奈粉	0.05	0.75	
	肉桂粉	0.05	0.75	
	小計	5.5	82.5	
雞皮水	水	5	75	
	麥芽糖	6	90	
	白醋	5	75	
	小計	16	240	
合計		121.5	1,822.5	

檢定場地專業設備

（每人份）

編號	名稱	設備規格	單位	數量	備註
1	燒烤爐	不鏽鋼製，附火鉗、耐熱手套、出爐鐵鉤，可用瓦斯或木碳加熱	個	1	共用
2	掛鉤	不鏽鋼、雙掛鉤式	支	1	
3	尾針	不鏽鋼，長約 15 公分	支	2	
4	毛刷	寬 3～5 公分，刷糖水用	支	1	

檢定材料表　　　　　　　　　　　　　　　　　　（每人份）

編號	名稱	材料規格	單位	數量	備註
1	雞	市售雞屠體，每隻重 1.2 公斤（含）以上	隻	1	新鮮或冷藏
2	食鹽	精製	公克	50	
3	砂糖	細砂	公克	100	
4	味精	結晶狀	公克	25	
5	陳皮粉	粉末	公克	5	
6	山奈粉	粉末	公克	5	沙薑粉
7	肉桂粉	粉末	公克	5	
8	麥芽糖	市售品，無色、透明	公克	100	
9	白醋	米醋等，市售品	公克	100	

附註：表列材料數量係供術科主辦單位準備材料用，非考試製作數量。

二、燒烤調理類－叉燒肉 (094-910302E)

⊙完成時限 4 小時（含另外一種產品）

製作配方

原料名稱		百分比 (%)
原料肉	豬肩胛肉或後腿瘦肉	100
醃料（以原料肉重為100％計算）	食鹽	1.5～3
	砂糖	8～12
	醬油	2～5
	豆瓣醬	4～7
	酒	1
	五香粉	0.1～0.2
	山奈粉	0.1～0.2
	食用黃色五號色素	0.04
	小計	
合計		

備註：未列正確百分比之原料，請自行擬定。

試題說明

1. **處理過程**：以豬肩胛肉或後腿瘦肉為原料，經醃漬乾燥並經瓦斯或天然氣適當燒烤而成之產品。

2. **產品外觀**：外表具光澤，色澤均一。

3. **產品質地風味**：製品無異味，具良好的質地與適當燒烤香味。

製作數量表

使用說明：製作以原料肉重計算 1.5 公斤之叉燒肉產品（原料肉切成每條厚 2～3cm 之肉條）。

製作方法

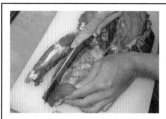1. 豬肩胛肉切成條狀（每條厚 2.0～3.0cm）。	2. 醃料塗抹均勻。	3. 冷藏醃漬。
4. 以掛鉤吊掛。	5. 置入燒烤爐，以瓦斯或天然氣燒烤。	6. 以 180～220℃燒烤至肉中心溫度達 72℃以上時取出，即為成品。

★ 製作要領和注意事項

1. 原料肉切成每條厚 2.0～3.0cm 之肉條（請依照叉燒肉製作數量表的說明）。

2. 檢定術科測驗須在時限內完成，故冷藏醃漬可縮短為 10～20 分鐘。

3. 可用不鏽鋼⏋型掛鉤，吊掛原料肉再置入燒烤爐進行燒烤。

4. 燒烤溫度及時間要妥善控制，溫度過高叉燒肉易產生焦黑現象，溫度較低燒烤時間會延遲。

5. 燒烤過程可視情形翻面，使受熱較均勻（要戴防熱手套，小心被燙傷）。

6. 操作過程中應避免將不當之物，放置於機具上或周圍。

7. 操作過程中應避免出現汙染原料及產品之動作。

8. 叉燒肉產品不可不熟。

9. 叉燒肉產品的厚薄要均一。

10. 叉燒肉產品碎肉應避免過多。

11. 避免叉燒肉產品入味明顯不足。

12. 叉燒肉產品外表具光澤，色澤均一，無異味，具良好的質地與適當燒烤香味。

製作報告表

（本報告表之內容僅供參考，請依實際製作情形確實記錄）

應檢人姓名：＿＿＿＿＿＿＿＿＿＿＿　准考證號碼：＿＿＿＿＿＿＿＿＿＿＿

	原料名稱	百分比(%)	重量(公克)	製 作 條 件
原料肉	豬肩胛肉或後腿瘦肉	100	1,500	1. 原料肉醃漬室溫＿＿3＿＿℃。原料肉醃漬完成肉中心溫度 6 ℃。
醃料（以原料肉重為100%計算）	食鹽	1.5	22.5	2. 燒烤溫度＿＿＿190＿＿＿℃。燒烤時間＿＿＿60＿＿＿分鐘。
	砂糖	10	150	3. 燒烤完成時產品中心溫度 72 ℃。
	醬油	3	45	4. 冷卻產品總重量＿1,275＿公克。
	豆瓣醬	4	60	5. 製成率
	酒	1	15	＝產品總重量／原料肉重×100%
	五香粉	0.1	1.5	＝＿1,275＿／＿1,500＿×100%
	山奈粉	0.1	1.5	＝＿85＿%
	食用黃色五號色素	0.04	0.6	
	小計	19.74	296.1	
合計		119.74	1,796.1	

檢定場地專業設備

（每人份）

編號	名稱	設備規格	單位	數量	備　註
1	燒烤爐	不鏽鋼製，附火鉗、耐熱手套、出爐鐵鉤，可用瓦斯或木碳加熱	個	1	
2	掛鉤	不鏽鋼、⊥型掛鉤式	支	4	

檢定材料表

（每人份）

編號	名稱	材料規格	單位	數量	備　註
1	豬肉	豬肩胛肉或後腿瘦肉	公克	1,600	冷藏或冷凍（考前應預先解凍）
2	食鹽	精製	公克	70	
3	砂糖	細砂	公克	250	
4	醬油	甲級，深色，市售品	公克	100	
5	豆瓣醬	細黑豆瓣醬或甜麵醬	公克	210	
6	酒	高粱酒或米酒等	公克	30	
7	五香粉	粉末	公克	10	
8	山奈粉	粉末	公克	20	沙薑粉

附註：表列材料數量係供術科主辦單位準備材料用，非考試製作數量。

三、燒烤調理類－燒腩 (094-910303E)

完成時限 4 小時（含另外一種產品）

製作配方

原料名稱		百分比 (%)
原料肉	帶皮豬腹脅肉	100
醃漬料（以原料肉重為100%計算）	食鹽	1.0～2.0
	砂糖	1～4
	味精	0.5～1
	陳皮粉	0.01～0.1
	山奈粉	0.01～0.06
	肉桂粉	0.01～0.06
	小計	
脆皮水	麥芽糖	2～4
	白醋	2.8
	水	2.8
	小計	
合計		

備註：未列正確百分比之原料，請自行擬定。

試題說明

1. 處理過程：以帶皮豬腹脅肉（五花肉）為原料，經燙煮或燙皮、醃漬，再用瓦斯或天然氣適當燒烤而成之產品。

2. 產品外觀：產品熟透，平整具光澤，色澤均一。

3. 產品質地風味：產品外皮鬆脆，具良好的咬感，肉質佳，並具燒烤香味。

製作數量表

1. 製作以原料肉重計算之燒腩肉產品一塊。

2. 使用說明：應檢人代表自下列三個題目中每場抽籤取用。

   ∵ 1.2 公斤。

   ∵ 1.3 公斤。

   ∵ 1.4 公斤。

製作方法

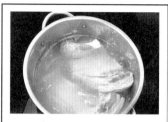 1. 帶皮豬腹脇肉經燙煮 5～10 分鐘。	 2. 取出冷卻後，可用扎針刺豬皮表面，宜均勻緊密。	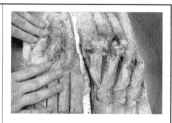 3. 可用刀切劃肉表面約深 1公分，塗抹醃漬料。
 4. 可適時冷藏醃漬（豬皮朝上），取出後豬皮刷脆皮水。	 5. 吊掛原料肉置入燒烤爐，以瓦斯或天然氣燒烤。	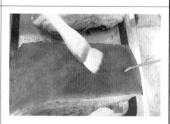 6. 以 200～220℃燒烤，過程中約每 15 分鐘取出補刷脆皮水。
 7. 燒烤至肉中心溫度達 72℃時，可再升溫 220～240℃燒烤 7~10 分鐘，取出成品。		

製作要領和注意事項

1. 燙煮後原料肉用刀切劃肉表面，不宜過深。

2. 檢定術科測驗須在時限內完成，故冷藏醃漬可縮短為 10～20 分鐘。

3. 可用不鏽鋼雙掛鉤，吊掛原料肉再置入燒烤爐進行燒烤。

4. 脆皮水應先加熱拌勻，燒烤過程中約每 15 分鐘取出一次（要戴防熱手套，小心被燙傷），刷 3～5 次的脆皮水，產品表皮始可具有光澤，且色澤均勻呈金黃色。

5. 燒烤溫度及時間要妥善控制，溫度過高燒腩肉易產生焦黑現象，溫度較低燒烤時間會延遲。

6. 燒烤過程可視情形翻面，使受熱較均勻（要戴防熱手套，小心被燙傷）。

7. 燒烤過程豬皮若起泡，可用鐵札針穿刺；也可預先用札針刺豬皮。

8. 操作過程中應避免將不當之物，放置於機具上或周圍。

9. 操作過程中應避免出現汙染原料及產品之動作。

10. 燒腩產品不可不熟。

11. 燒腩產品表皮應避免起泡過多。

12. 燒腩產品碎肉應避免過多。

13. 燒腩產品應平整具光澤，色澤均一，且外皮鬆脆，具良好咬感，肉質佳有燒烤香味。

製作報告表

（本報告表之內容僅供參考，請依實際製作情形確實記錄）

應檢人姓名：＿＿＿＿＿＿＿＿＿＿＿　　准考證號碼：＿＿＿＿＿＿＿＿＿＿

	原料名稱	百分比 (%)	重量 (公克)	製 作 條 件
原料肉	帶皮豬腹脇肉	100	1,200	1. 原料肉重＿＿＿1,200＿＿＿公克。 2. 燙煮水溫為＿＿＿92＿＿＿℃。
醃料（以原料肉重為100％計算）	食鹽	1.5	18	時間＿＿＿6＿＿＿分鐘。
	砂糖	4.0	48	3. 醃漬料、燙煮、脆皮水之使用順序： 　　　燙煮、醃漬料、脆皮水　　。
	味精	0.8	9.6	4. 燒烤溫度＿＿＿195＿＿＿℃。
	陳皮粉	0.05	0.6	5. 燒烤完成產品中心溫度＿72＿℃。
	山奈粉	0.05	0.6	6. 產品總重量＿＿＿972＿＿＿公克。
	肉桂粉	0.05	0.6	7. 製成率＝產品總重量／原料肉重 ×100%
	小計	6.45	77.4	＝ _972_ / _1,200_ ×100%
脆皮水	麥芽糖	4.0	48	＝ _81_ %
	白醋	2.8	33.6	
	水	2.8	33.6	
	小計	9.6	115.2	
合計		116.05	1,392.6	

檢定場地專業設備

（每人份）

編號	名稱	設備規格	單位	數量	備 註
1	燒烤爐	不鏽鋼製，附火鉗、耐熱手套、出爐鐵鉤，可用瓦斯或木碳加熱	個	1	共用
2	掛鉤	不鏽鋼雙掛鉤式	支	2	
3	毛刷	寬 3～5 公分、刷糖水用	支	1	
4	長鋼針	不鏽鋼、長約 30 公分	支	2	2支／人

檢定材料表 （每人份）

編號	名稱	材料規格	單位	數量	備 註
1	帶皮豬腹脇肉	豬腹脇肉，整塊未分切	公克	1,500	冷藏或冷凍 （考前應預先解凍）
2	食鹽	精製	公克	50	
3	砂糖	細砂	公克	70	
4	味精	結晶狀	公克	20	
5	陳皮粉	粉末	公克	5	
6	山奈粉	粉末	公克	5	沙薑粉
7	肉桂粉	粉末	公克	5	
8	麥芽糖	市售品，無色、透明	公克	70	
9	白醋	米醋等，市售品	公克	70	

附註：表列材料數量係供術科主辦單位準備材料用，非考試製作數量。

四、滷煮調理類－鹽水鴨 (094-910304E)

⏱ **完成時限** 4 小時（含另外一種產品）

試題說明

1. **處理過程**：以鴨屠體為原料，經清除內臟、醃漬及滷煮製成之產品。

2. **產品外觀**：外觀完整潔亮，呈白色或乳白色且不油膩，切片緊密，色澤良好。

3. **產品質地風味**：質地風味良好。

製作配方

原料名稱		百分比 (%)
原料肉	鴨	100
浸漬汁液（以原料肉重為100%計算）	醃漬料 食鹽	2～3
	醃漬料 花椒粒	0.1～0.2
	醃漬料 白胡椒粉	0.1～0.3
	醃漬料 小計	
	滷煮料 砂糖	2～4
	滷煮料 食鹽	1～4
	滷煮料 酒	4
	滷煮料 水	100～120
	滷煮料 大茴香	0.1～0.3
	滷煮料 小茴香	0.1～0.2
	滷煮料 桂皮	0.1～0.2
	滷煮料 味精	0.5～1
	滷煮料 蔥	1.5
	滷煮料 薑	1.8
	滷煮料 小計	
合計		

備註：未列正確百分比之原料，請自行擬定。

製作數量表

使用說明：製作以鴨屠體每隻重 1.5 公斤（含）以上為原則之鹽水鴨產品。

製作方法

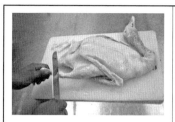

1. 鴨屠體除毛、去腳、去內臟並洗淨。

2. 將醃漬料混勻後，塗抹於鴨屠體表面及胸腔內。

3. 冷藏醃漬。

4. 滷煮（水溫 86～92℃）至鴨腿肉內側中心溫度達 80℃以上。

5. 取出立即置入冰水中冷卻。

6. 成品。

★ 製作要領和注意事項

1. 鴨屠體的殘毛、內臟殘留要處理乾淨。

2. 檢定術科測驗須在時限內完成，故冷藏醃漬可縮短為 10～20 分鐘。

3. 滷煮處理溫度及時間要正確控制，溫度過高易使鴨表皮破裂。

4. 滷煮過程中約每 5～10 分鐘，可提拉一次使胸腔內部的水漏完，再置入水中，可使胸腔內部的溫度受熱較均勻。

5. 操作過程中應避免將不當之物，放置於機具上或周圍。

6. 操作過程中應避免出現汙染原料及產品之動作。

7. 置入冰水中急速冷卻，可使產品外觀潔亮且不油膩。

8. 鹽水鴨產品不可不熟。

9. 鹽水鴨產品外皮不可嚴重破皮。

10. 鹽水鴨產品質地不可太爛。

11. 鹽水鴨外觀色澤要良好，並避免出油。

12. 鹽水鴨產品附著香辛料不可過多。

製作報告表

（本報告表之內容僅供參考，請依實際製作情形確實記錄）

應檢人姓名：＿＿＿＿＿＿＿＿＿＿＿＿＿＿　　准考證號碼：＿＿＿＿＿＿＿＿＿＿＿＿＿＿＿

原料名稱		百分比(%)	重量(公克)	製 作 條 件
原料肉	鴨	100	2,000	1. 鴨屠體數量 1 隻，總重 2,000 公克。 2. 鴨屠體之處理、滷煮、醃漬之順序： 　　鴨屠體之處理、醃漬、滷煮。
浸漬汁液（以原料肉重為100%計算）	醃漬料 食鹽	3.0	60	3. 醃漬溫度＿＿＿3＿＿＿℃。
	醃漬料 花椒粒	0.2	4	時間＿＿＿10＿＿＿分鐘。
	醃漬料 白胡椒粉	0.3	6	4. 滷煮水溫＿＿＿89＿＿＿℃。
	醃漬料 小計	3.5	70	時間＿＿＿75＿＿＿分鐘。
	滷煮料 砂糖	2	40	5. 滷煮完成時中心溫度＿＿80＿＿℃。
	滷煮料 食鹽	4	80	6. 產品總重量＿＿＿1,560＿＿＿公克。
	滷煮料 酒	4	80	7. 製成率＝產品總重量／主原料重
	滷煮料 水	120	2,400	×100%
	滷煮料 大茴香	0.2	4	＝＿1,560＿／＿2,000＿×100%
	滷煮料 小茴香	0.1	2	＝＿78＿%
	滷煮料 桂皮	0.1	2	
	滷煮料 味精	0.8	16	
	滷煮料 蔥	1.5	30	
	滷煮料 薑	1.8	36	
	滷煮料 小計	134.5	2,690	
合計		238	4,760	

檢定場地專業設備　　　　　　　　　　　（每人份）

專業設備無，使用基本設備即可。

檢定材料表　　　　　　　　　　　　　　（每人份）

編號	名稱	材料規格	單位	數量	備 註
1	鴨	市售鴨屠體，每隻重 1.5 公斤（含）以上	隻	1	冷藏或冷凍
2	食鹽	精製	公克	100	
3	砂糖	特砂	公克	100	
4	味精	結晶狀	公克	50	
5	酒	米酒或高粱酒等	公克	1	
6	胡椒粉	粉末	公克	20	
7	大茴香	顆粒狀	公克	30	
8	小茴香	顆粒狀	公克	30	
9	桂皮	片狀	公克	20	
10	花椒粒	顆粒狀	公克	30	
11	青蔥	生鮮	公克	50	
12	薑	生鮮	公克	50	

附註：表列材料數量係供術科主辦單位準備材料用，非考試製作數量。

五、滷煮調理類－醉雞 (094-910305E)

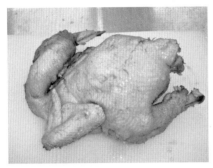

⏱ **完成時限** 4 小時（含另外一種產品）

製作配方

原料名稱		百分比 (%)
原料肉	煮熟雞	100
浸漬汁液（以原料肉重為一〇〇％計算） A.調味液	食鹽	4～6
	味精	2～4
	香葉	0.2～0.4
	草果	0.2～0.4
	甘草	0.3～0.8
	桂皮	0.3～0.7
	八角	0.1～0.5
	山奈	0.1～0.5
	水	140
	小計	
B.酒	酒	19
	小計	19
合計		

備註：未列正確百分比之原料，請自行擬定。

試題說明

1. **處理過程**：以土雞為原料，經去除內臟，用水煮熟、漂水冷卻，再以冷藏浸漬於調配汁液中製成之產品。

2. **產品外觀**：外表表皮完整具光澤，皮下結締組織及肉中筋腱呈透明膠狀，骨髓呈紅色，骨頭切斷後不會流出血水。

3. **產品質地風味**：製品肉質多汁，具適當咬感，且具有適當的酒香及香味。

製作數量表

使用說明：製作以原料雞每隻重以 1.2 公斤（含）以上為原則之醉雞產品。

製作方法

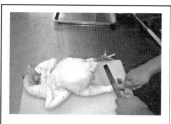

1. 雞屠體去除殘毛、去內臟、切除雞腳並洗淨。

2. 水煮（86～92℃）至雞腿肉內側中心溫度達80℃以上時取出。

3. 漂水冷卻（10～20分鐘）降溫至肉中心溫度達40℃以下。

4. 再移入冰水中冷卻至20℃以下備用。

5. 將調味液的材料煮沸，維持3～5分鐘並使其調配料散發出香味。

6. 調味液以流水隔水冷卻至40℃以下。

7. 調味液置入冰水中隔水冷卻到20℃以下。

8. 加入酒拌勻。

9. 置入冷卻的煮熟雞後，冷藏浸漬。

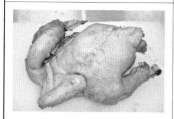

10. 成品。

製作要領和注意事項

1. 雞屠體的殘毛、內臟殘留、氣管要處理乾淨，並切除雞腳。

2. 水煮處理溫度及時間要正確控制，宜避免熱水煮沸或溫度過高導致雞表皮破裂。

3. 煮熟雞於漂水冷卻過程為避免汙染，宜用冷開水及其碎冰。

4. 調味液煮沸後的冷卻過程要避免汙染。

5. 為求醉雞產品具有適當的酒香及香味，冷藏浸漬約 2 ～ 3 小時，故可於檢定術科測驗時間結束前取出。

6. 操作過程中應避免將不當之物，放置於機具上或周圍。

7. 操作過程中應避免出現汙染原料及產品之動作。

8. 醉雞產品不可不熟。

9. 醉雞產品外皮不可嚴重破皮。

10. 醉雞產品質地不可太爛或異常。

11. 醉雞外觀不可出油。

12. 醉雞外表表皮應完整具光澤，皮下結締組織及肉中筋腱呈透明膠狀，骨頭切斷後不會流出血水。

13. 醉雞產品肉質多汁，具適當咬感，且具有適當的酒香及香味。

製作報告表

（本報告表之內容僅供參考，請依實際製作情形確實記錄）

應檢人姓名：＿＿＿＿＿＿＿＿＿＿＿＿＿＿　准考證號碼：＿＿＿＿＿＿＿＿＿＿＿＿＿＿

原料名稱		百分比 (%)	重量 (公克)	製　作　條　件
原料肉	煮熟雞	100	1,500	1. 原料雞數量 1 數，總重 1,500 公克。
浸漬汁液（以原料肉重為一○○％計算）	A.調味液 食鹽	6	90	2. 水煮溫度＿＿＿＿88＿＿＿＿℃。
	味精	2	30	時間＿＿＿＿75＿＿＿＿分鐘。
	香葉	0.2	3	3. 水煮完成時雞腿中心溫度 80 ℃。
	草果	0.2	3	4. 煮熟冷卻原料雞重 1,160 公克。
	甘草	0.3	4.5	5. 浸漬前熟雞肉溫度＿＿16＿＿℃。
	桂皮	0.3	4.5	6. 冷藏浸漬液溫度＿＿＿12＿＿＿℃。
	八角	0.2	3	7. 產品總重量＿＿＿1,170＿＿＿公克。
	山奈	0.2	3	8. 製成率
	水	140	2,100	＝產品總重／生原料雞重 ×100%
	小計	149.4	2,241	＝ 1,170 ／ 1,500 ×100%
	B.酒 酒	19	285	＝ 78 %
	小計	19	285	
合計		268.4	4,026	

檢定場地專業設備

（每人份）

專業設備無，使用基本設備即可。

檢定材料表　　　　　　　　　　　　　　　　（每人份）

編號	名稱	材料規格	單位	數量	備　註
1	雞	市售土雞屠體，每隻重 1.2 公斤（含）以上	隻	1	生鮮或冷藏
2	食　鹽	精製	公克	150	
3	味精	特砂	公克	100	
4	香葉	乾燥葉片	公克	15	
5	草果	顆粒狀	瓶	15	
6	甘草	切片狀	公克	20	
7	桂皮	片狀	公克	20	
8	八角	顆粒狀	公克	15	
9	山奈	切片狀	公克	15	沙薑粉
10	酒	紹興酒或米酒或高粱酒等	公克	600	

附註：表列材料數量係供術科主辦單位準備材料用，非考試製作數量。

六、滷煮調理類－滷豬腳 (094-910306E)

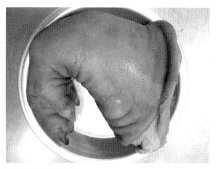

⏱**完成時限** 4 小時（含另外一種產品）

試題說明

1. **處理過程**：以豬腳為原料，經修毛、洗淨、燙煮，再於滷汁中滷煮而成。

2. **產品外觀**：產品外表皮完整具光澤，筋腱有彈性。

3. **產品質地風味**：質地風味良好。

製作數量表

使用說明：製作以生原料豬腳每支重以 1.4 公斤（含）以上為原則之滷豬腳產品。

製作配方

原料名稱		百分比 (%)
原料肉	水煮熟豬腳	100
滷汁（以原料肉重為一〇〇%計算）	水	170
	食鹽	5～8
	味精	1
	砂糖	15～20
	醬油	10～15
	桂枝	0.2～0.3
	甘草	0.1
	桂皮	0.1
	八角	0.2～0.5
	酒	2
	小計	
合計		

備註：未列正確百分比之原料，請自行擬定。

製作方法

1. 以拔毛器及瓦斯槍火焰修除豬腳殘毛，並切除腳趾甲洗淨。	2. 燙煮（92～95℃）5～10分鐘。	3. 漂水冷卻並壓除油脂約10～20分鐘。
	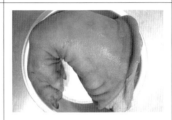	
4. 豬腳於滷汁中滷煮（86～90℃）1.5～2.0小時。	5. 取出冷卻後即為成品。	

製作要領和注意事項

1. 滷汁中的桂枝、甘草、桂皮和八角等，可裝入乾淨的紗布袋中。

2. 滷煮處理溫度及時間要正確控制，避免溫度過高易使表皮破裂。

3. 滷煮處理過程中，宜加鍋蓋以維持溫度，並避免不必要的翻動，翻動時應避免傷破豬皮。

4. 操作過程中應避免將不當之物，放置於機具上或周圍。

5. 操作過程中應避免出現污染原料及產品之動作。

6. 滷豬腳產品不可不熟。

7. 滷豬腳產品外皮不可嚴重破皮。

8. 滷豬腳產品質地不可太爛或異常。

9. 滷豬腳產品表皮應完整具光澤，筋腱有彈性，質地風味良好。

製作報告表

（本報告表之內容僅供參考，請依實際製作情形確實記錄）

應檢人姓名：＿＿＿＿＿＿＿＿＿＿＿　　准考證號碼：＿＿＿＿＿＿＿＿＿＿＿

	原料名稱	百分比(%)	重量(公克)	製　作　條　件
原料肉	水煮熟豬腳	100	1,600	1. 原料豬腳數量＿＿1＿＿隻， 　 總重＿1,600＿公克。 2. 豬腳燙煮溫度＿92＿℃。 　 時間＿6＿分鐘。 3. 豬腳於滷汁中煮熟條件： 　 溫度＿90＿℃，時間＿120＿分鐘。 4. 產品總重量＿1,328＿公克。 5. 製成率 　＝產品總重量／生豬腳重 ×100% 　＝＿1,328＿／＿1,600＿×100% 　＝＿83＿%
滷汁（以原料肉重為100%計算）	水	170	2,720	
	食鹽	6	96	
	味精	1	16	
	砂糖	18	288	
	醬油	15	240	
	桂枝	0.2	3.2	
	甘草	0.1	1.6	
	桂皮	0.1	1.6	
	八角	0.2	3.2	
	陳皮	0.1	1.6	
	香葉	0.1	1.6	
	草果	0.1	1.6	
	山奈	0.1	1.6	
	酒	2	32	
	小計	213	3,408	
合計		313	5,008	

檢定場地專業設備

（每人份）

編號	名稱	設備規格	單位	數量	備　註
1	拔毛器	不鏽鋼	隻	1	
2	瓦斯槍	瓦斯噴火槍，附瓦斯罐	支	1	

檢定材料表 （每人份）

編號	名稱	設備規格	單位	數量	備　註
1	豬腳	帶蹄膀之前腿豬腳，每隻1.4公斤（含）以上	隻	1	冷藏或冷凍（考前應預先解凍）
2	食鹽	精製	公克	125	
3	味精	結晶狀	公克	50	
4	砂糖	特砂	公克	350	
5	醬油	甲等	公克	210	
6	桂枝	枝狀	公克	20	
7	甘草	切片狀	公克	20	
8	桂皮	片狀	公克	30	
9	八角	顆粒狀	公克	20	
10	陳皮	片狀	公克	10	
11	香葉	乾燥葉片	公克	10	
12	草果	顆粒狀	公克	20	
13	山奈	切片狀	公克	20	沙薑
14	酒	紹興酒或米酒	公克	70	

附註：表列材料數量係供術科主辦單位準備材料用，非考試製作數量。

第 3 章

肉製品加工丙級學科題庫

工作項目 01：產品分類

(4) 1. 中華民國國家標準 (CNS) 規定肉乾的水份含量不能超過？ (1)10% (2)15% (3)20% (4)25%。

(2) 2. 下列哪一種肉製品入口鬆酥易碎？ (1) 肉絨 (2) 肉酥 (3) 肉絲 (4) 烤鴨。

(3) 3. 叉燒肉屬於哪一種肉製品？ (1) 乾燥類 (2) 乳化類 (3) 燒烤調理類 (4) 煉製類。

(3) 4. 肉酥依據中華民國國家標準 (CNS) 規定，豆粉含量不得超過原料肉重的？ (1)5% (2)10% (3)15% (4)20%。

(1) 5. 下列哪一種肉製品含水分最多？ (1) 貢丸 (2) 臘腸 (3) 肉絨 (4) 板鴨。

(3) 6. 下列何種肉製品不屬於乳化類肉製品？ (1) 熱狗 (2) 法蘭克福香腸 (3) 肉酥 (4) 貢丸。

(3) 7. 下列何種肉製品需具備皮肉分離的特色？ (1) 板鴨 (2) 鹽水鴨 (3) 脆皮烤鴨 (4) 滷豬腳。

(2) 8. 下列何種肉製品油脂含量最高？ (1) 肉絲 (2) 肉酥 (3) 肉絨 (4) 肉條。

(2) 9. 下列何種肉製品其纖維最細？ (1) 肉絲 (2) 肉酥 (3) 肉條 (4) 肉乾。

(1) 10.脆皮烤鴨屬於哪一類肉製品？ (1) 調理類 (2) 醃漬類 (3) 乳化類 (4) 乾燥類。

(3) 11.下列何種肉製品在製作過程中不需經乳化操作？ (1) 貢丸 (2) 熱狗 (3) 臘腸 (4) 法蘭克福香腸。

(1) 12.下列何者不屬於調理類肉製品？ (1) 板鴨 (2) 鹽水鴨 (3) 脆皮烤鴨 (4) 滷豬腳。

(2) 13.醃漬類肉製品的特色為？ (1) 不需醃漬 (2) 食鹽為醃漬的基本成分 (3) 均需烘乾 (4) 肥肉應呈淡紅色。

(4) 14.下列何種肉製品不需經煙燻處理？ (1) 臘肉 (2) 板鴨 (3) 叉燒肉 (4) 貢丸。

(2) 15.下列何者為豬肉乾的特色？ (1) 成品外觀呈黑褐色 (2) 原料隨纖維紋路截切 (3) 外觀平整，具長纖維紋路 (4) 成品鬆軟，口感既鹹且辣。

(4) 16.下列哪兩種產品性質最接近？ (1) 中式香腸、熱狗 (2) 肉絨、肉乾 (3) 板鴨、脆皮烤鴨 (4) 熱狗、法蘭克福香腸。

(2) 17.下列哪一組產品屬於同一類？ (1) 臘肉、叉燒肉 (2) 肉角、肉條 (3) 中式香腸、肉乾 (4) 板鴨、脆皮烤鴨、鹽水鴨。

(3) 18.鹽水鴨屬於下列哪一類肉製品？ (1) 乾燥類 (2) 醃漬類 (3) 調理類 (4) 乳化類。

(1) 19. 下列何種肉製品屬於燒烤調理類？ (1) 燒腩 (2) 滷豬腳 (3) 豬肉乾 (4) 中式香腸。

(2) 20. 脆皮烤鴨以何種原料鴨製作為宜？ (1) 蛋鴨 (2) 北京鴨 (3) 紅面番鴨 (4) 綠頭鴨。

(1) 21. 下列何項製品之水分含量最低？ (1) 肉酥 (2) 熱狗 (3) 香腸 (4) 火腿。

(4) 22. 下列何種製品須經乳化操作？ (1) 肉絨 (2) 板鴨 (3) 滷豬腳 (4) 法蘭克福香腸。

(2) 23. 熱狗與貢丸屬於何類製品？ (1) 醃漬類 (2) 乳化類 (3) 乾燥類 (4) 滷煮調理類。

(4) 24. 中式香腸屬於何類製品？ (1) 滷煮調理類 (2) 乳化類 (3) 燒烤調理類 (4) 顆粒類。

(1) 25. 臘肉與板鴨屬於何類製品？ (1) 醃漬類 (2) 乳化類 (3) 燒烤調理類 (4) 顆粒類。

(3) 26. 肉酥與肉條屬於何類製品？ (1) 醃漬類 (2) 乳化類 (3) 乾燥類 (4) 顆粒類。

(1) 27. 醉雞屬於何類製品？ (1) 滷煮調理類 (2) 燒烤調理類 (3) 乾燥類 (4) 顆粒類。

工作項目 02：原料之選用

(2) 1. 己二烯酸添加於肉製品中每公斤不得超過多少公克？ (1)1 (2)2 (3)3 (4)4。

(1) 2. 里脊肉指的是？ (1) 背脊肉 (2) 小里肌 (3) 梅花肉 (4) 背脊肉與小里肌之總稱。

(1) 3. 異抗壞血酸鈉於肉製品中之適用量為？ (1)0.1%以下 (2)1.0% (3)2.0% (4)3.0%。

(2) 4. 磷酸鹽類於肉製品加工之用量以磷酸根計最高不得超過？ (1)0.2% (2)0.3% (3)1% (4)2%。

(2) 5. 在一般肉製品中，亞硝酸根之殘留量不得超過？ (1)30ppm (2)70ppm (3)80ppm (4)100ppm。

(1) 6. 下列何種添加物不會增加乳化類肉製品之結著性？ (1) 亞硝酸鹽 (2) 黃豆蛋白 (3) 澱粉 (4) 磷酸鹽。

(1) 7. 理論上乳化肉製品製作時，下列何者最先添加？ (1) 鹽 (2) 澱粉 (3) 己二烯酸鉀 (4) 硝酸鹽。

(4) 8. 購買原料肉時應要求廠商以何種交通工具運送？ (1) 一般小貨車 (2) 一般大貨車 (3) 箱型車 (4) 冷藏或冷凍運輸車。

(4) 9. 選用原料豬肉下列何者是正確的？ (1) 色澤越深越好 (2) 色澤越淺越好 (3) 外表不具光澤 (4) 色呈淡紅色並且有光澤。

(4) 10. 下列食品添加物，何者不具有抑菌效果？ (1) 食鹽 (2) 酸性磷酸鹽 (3) 乳酸 (4) 異抗壞血酸鈉。

(2) 11. 製作叉燒肉常於最後上一層麥芽糖水，其主要目的何者為非？ (1) 增加外觀亮度 (2) 增加體積 (3) 增進風味 (4) 防止脫水。

(2)12.下列何種食品添加物或配料與改變貢丸的彈性無關？　(1) 澱粉　(2) 硝酸鹽　(3) 食鹽　(4) 磷酸鹽。

(4)13.製作不同產品要選用不同部位肉，製作豬肉乾或肉酥最好選用？　(1) 頸肉　(2) 腹脇肉　(3) 背脊肉　(4) 後腿肉。

(2)14.己二烯酸添加在肉乾之作用為？　(1) 發色作用　(2) 防黴　(3) 增加黏稠性　(4) 抗氧化作用。

(3)15.下列哪一種豬肉是正常的？　(1) 顏色呈深紅色　(2) 肉色暗紅且表面乾燥　(3) 表面有光澤且肉色呈淡紅色　(4) 水樣肉。

(4)16.香腸製作時，下列何者不會增加結著性？　(1) 磷酸鹽　(2) 鹽　(3) 澱粉　(4) 亞硝酸鹽。

(4)17.下列哪一種產品不需要添加亞硝酸鈉？　(1) 中式香腸　(2) 熱狗　(3) 肉乾　(4) 貢丸。

(4)18.下列哪一種產品不得添加防腐劑？　(1) 板鴨　(2) 肉角　(3) 香腸　(4) 冷凍貢丸。

(2)19.下列哪一種產品最不適合使用淘汰母豬肉？　(1) 肉酥　(2) 叉燒肉　(3) 貢丸　(4) 肉絨。

(2)20.下列哪一種腸衣不能食用？　(1) 羊腸衣　(2) 纖維素腸衣　(3) 豬腸衣　(4) 膠原蛋白腸衣。

(4)21.中式香腸使用之原料肉，在選擇時，下列哪一項是不正確的？　(1) 肉表面有光澤　(2) 肉呈淡粉紅色　(3) 肉應有彈性　(4) 肉顏色呈暗紅色。

(3)22.下列何種材料不適合作為燻材？　(1) 核桃木　(2) 龍眼木　(3) 松樹　(4) 甘蔗。

(1)23.製作香腸使用之脂肪下列哪一種最適合？　(1) 背脂　(2) 腿油　(3) 腹油　(4) 板油。

(3)24.下列哪一種產品，使用冷凍肉作原料時，不需完全解凍？　(1) 臘肉　(2) 肉乾　(3) 貢丸　(4) 香腸。

(3)25.包裝袋破裂之冷凍肉不會發生下列哪一種問題？　(1) 凍燒　(2) 失重　(3) 綠變　(4) 乾燥。

(3)26.下列哪一種醣類，在加熱過程中最不易發生褐變？　(1) 麥芽糖　(2) 果糖　(3) 蔗糖　(4) 葡萄糖。

(2)27.以淘汰雞肉作貢丸，哪一部位最適合？　(1) 腿肉　(2) 胸肉　(3) 翅腿肉　(4) 機械去骨肉。

(3)28.下列哪一種肉屬白色肉？　(1) 牛肉　(2) 鴨肉　(3) 雞肉　(4) 豬肉。

(4)29.豬肉的結冰溫度為？　(1)0℃　(2)-0.5℃　(3)-1.0℃　(4)-1.5 ～ -2℃。

(2)30.灌中式香腸使用之豬腸衣，通常以什麼為原料？　(1) 豬大腸　(2) 豬小腸　(3) 豬直腸　(4) 豬盲腸。

(3)31.下列哪一項不會影響熱狗的品質？　(1) 肉表面發黏　(2) 肉呈綠色　(3) 肉呈鮮紅色　(4) 肉有異味。

(4)32.下列何種原料之結締組織含量最多？　(1) 後腿肉　(2) 小里肌肉　(3) 背脊肉　(4) 腱肉。

(4)33.製作中式香腸使用之香辛料，不應選用？　(1) 經殺菌者　(2) 經照射處理者　(3) 以冷凍研磨機粉碎者　(4) 只要價格便宜就好。

(1)34.就原料肉之保水性而言，哪一階段之肉最佳？　(1) 僵直前　(2) 僵直中　(3) 解僵初期　(4) 解僵末期。

(2)35.肉製品添加異抗壞血酸鈉之作用，哪一項是對的？　(1) 防腐劑　(2) 抗氧化劑　(3) 結著劑　(4) 發色劑。

(1)36.下列哪一種添加物最難溶於水？　(1) 己二烯酸　(2) 己二烯酸鉀　(3) 亞硝酸鈉　(4) 異抗壞血酸鈉。

(2)37.肉製品之磷酸鹽用量以磷酸根 (Phosphate) 計每公斤不得超過多少公克？　(1)2　(2)3　(3)4　(4)5。

(4)38.單離黃豆蛋白之蛋白質含量為？　(1)42%　(2)50%　(3)70%　(4)90% 以上。

(2)39.下列那種原料肉之脂肪含量最低？　(1) 雞腿肉　(2) 雞胸肉　(3) 豬後腿肉　(4) 豬前腿肉。

(3)40.豬前腿肉最適宜製作下列哪種產品？　(1) 肉乾　(2) 肉酥　(3) 中式香腸　(4) 西式火腿。

(4)41.下列哪一項不屬於食品添加物範圍？　(1) 亞硝酸鈉　(2) 磷酸鹽　(3) 己二烯酸鉀　(4) 天然香辛料。

(4)42.下列哪一種原料之吸水力最大？　(1) 澱粉　(2) 黃豆蛋白　(3) 卵蛋白　(4) 海藻膠。

(1)43.淘汰蛋鴨較適合製作下列何種產品？　(1) 乳化香腸　(2) 鹽水鴨　(3) 烤鴨　(4) 鴨排。

(1)44.傳統上下列何種肉製品之加工有添加亞硝酸鈉？　(1) 中式香腸　(2) 肉酥　(3) 醉雞　(4) 貢丸。

(2)45.配製醃漬液最先加入的是？　(1) 食鹽　(2) 磷酸鹽　(3) 發色劑　(4) 糖。

(3)46.酪蛋白鈉在乳化類肉製品之功能下列哪一項是錯的？　(1) 保水性　(2) 乳化性　(3) 發色　(4) 提高製品中蛋白質含量。

(4)47.在相同條件下，屠宰後屠體發生僵直最慢的是？　(1) 豬　(2) 雞　(3) 鴨　(4) 牛。

(1)48.脆皮烤鴨所用之鴨皮水，最常使用之糖類為？　(1) 麥芽糖　(2) 蔗糖　(3) 乳糖　(4) 葡萄糖。

(3)49.加工肉製品常用來「著色」之天然色素為？　(1) 食用紅色 5 號　(2) 食用黃色 5 號　(3) 紅麴色素　(4) 食用紅色 7 號。

(2)50.俗稱「中油」是指？　(1) 板油　(2) 背脂　(3) 網油　(4) 腹油。

(3)51.下列哪一種肉製品不需使用防腐劑？　(1) 牛肉乾　(2) 肉角　(3) 肉酥　(4) 中式香腸。

(4)52.亞硝酸鹽主要具有抑制？　(1) 沙門氏菌　(2) 大腸桿菌　(3) 金黃色葡萄球菌　(4) 肉毒桿菌　之功能。

(4) 53. 製作膠原蛋白腸衣之主要原料為？　(1) 豬毛　(2) 豬瘦肉　(3) 豬脂肪　(4) 豬皮。

(3) 54. 下列何者之脂肪含量最多？　(1) 前腿肉　(2) 後腿肉　(3) 腹脇肉　(4) 背脊肉。

(3) 55. 加工肉製品常用之鮮味劑為？　(1) 糖　(2) 鹽　(3) 味精　(4) 白胡椒。

(3) 56. 澱粉是一種？　(1) 鮮味劑　(2) 結著劑　(3) 填充劑　(4) 發色劑。

(1) 57. 梅花肉一般是指位於何種部位的肉？　(1) 上肩肉　(2) 背脊肉　(3) 後腿肉　(4) 腹脇肉。

(2) 58. 亞硝酸鈉是屬於？　(1) 防腐劑　(2) 保色劑　(3) 填充劑　(4) 結著劑。

(2) 59. 俗稱之腰內肉是指？　(1) 背脊肉　(2) 小里脊肉　(3) 腹脇肉　(4) 腿肉。

(2) 60. 下列何者不是配製醃漬液需要的添加物？　(1) 食鹽　(2) 硼砂　(3) 磷酸鹽　(4) 亞硝酸鹽。

(3) 61. 下列哪一項是屬於食品添加物範圍？　(1) 砂糖　(2) 食鹽　(3) 味精　(4) 白胡椒。

(1) 62. 下列何者不是亞硝酸鹽的主要功用？　(1) 增加結著性　(2) 發色作用　(3) 抑制肉毒桿菌　(4) 抗氧化。

(2) 63. 下列何者不是磷酸鹽的主要功用？　(1) 增加保水性　(2) 增加風味　(3) 增加結著性　(4) 增加製成率。

(4) 64. 下列何者不是食鹽的主要功用？　(1) 增加保水性　(2) 調味作用　(3) 增加結著性　(4) 保色作用。

(1) 65. 製作炸雞以下列何者雞較適當？　(1) 白肉雞　(2) 土雞　(3) 仿土雞　(4) 烏骨雞。

(1) 66. 商業上俗稱之「熟肉」，通常是選用下列何種肉製作？　(1) 僵直前溫體肉　(2) 冷藏肉　(3) 冷凍肉　(4) 機械去骨肉。

(4) 67. 商業上俗稱之「熟肉」，通常是選用下列何種部位肉製作？　(1) 梅花肉　(2) 腹脇肉　(3) 腰內肉　(4) 後腿肉。

(4) 68. 商業上俗稱之「熟肉」，通常是用於製作？　(1) 香腸　(2) 貢丸　(3) 熱狗　(4) 肉鬆。

(1) 69. 商業上俗稱之「熟肉」，不適合用於製作下列何種製品？　(1) 香腸　(2) 肉條　(3) 肉角　(4) 肉鬆。

工作項目 03：原料之處理

(3) 1. 肉製品之冷藏、冷凍之目的？　(1) 促進微生物生長　(2) 促進發色　(3) 抑制微生物生長　(4) 加速腐敗。

(2) 2. 所謂冷藏肉，其保存溫度？　(1)-18℃以下　(2)-2℃～5℃　(3)10℃～15℃　(4)25℃以上。

(1) 3. 冷凍肉之保存溫度？　(1)-18℃以下　(2)0℃～7℃　(3)10℃～15℃　(4)25℃以上。

（ 4 ） 4. 下列何者會促進肉製品腐敗？　(1) 添加食鹽　(2) 添加防腐劑　(3) 添加抗氧化劑　(4) 細菌污染。

（ 1 ） 5. 冷凍肉之解凍，下列何者較優？　(1) 於冷藏庫 (5℃) 解凍　(2) 置於室溫（25℃以上）(3) 浸漬於熱開水中　(4) 利用陽光曝曬。

（ 3 ） 6. 豬背部沿脊椎骨兩側之長條狀的肉俗稱？　(1) 頸部肉　(2) 腿肉　(3) 里脊肉　(4) 腹脇肉。

（ 4 ） 7. 製作湖南臘肉，一般選用的原料肉是？　(1) 臉頰肉　(2) 頸部肉　(3) 背脊肉　(4) 腹脇肉。

（ 2 ） 8. 肉製品工廠其原料肉之分切、加工處理場所之溫度應在？　(1)0℃以下　(2)15℃以下 (3)30℃　(4)40℃。

（ 1 ） 9. 屠宰後屠體應迅速冷卻達肉中心溫度？　(1)5℃　(2)20℃　(3)30℃　(4)40℃　以下。

（ 2 ） 10. 下列何者可使肉製品保存較長時間？　(1) 室溫保存　(2) 冷凍保存　(3) 冷藏保存 (4)37℃恆溫保存。

（ 3 ） 11. 供加工用之原料肉加工前的處理最好為？　(1) 應添加防腐劑　(2) 先加熱殺菌　(3) 適當的冷卻　(4) 無需管理。

（ 2 ） 12. 肉製品工廠中無論是原料、半成品或成品放置時？　(1) 可隨意放置　(2) 不得直接與地面接觸　(3) 應直接置放於地面上　(4) 在高溫下保存。

（ 3 ） 13. 下列可抑制細菌生長之原料肉保存方法，以何者為優？　(1) 常溫保存　(2) 冷藏　(3) 冷凍　(4) 煮沸。

（ 1 ） 14. 肉製品醃漬時一般常在？　(1) 冷藏溫度　(2) 冷凍溫度　(3) 常溫下　(4) 高溫下。

（ 3 ） 15. 乳化豬肉漿的處理最終溫度，以下列何者最佳？　(1)-18℃　(2)-10℃　(3)0℃～15℃ (4)30℃。

（ 3 ） 16. 廣式臘肉之原料，一般常用為豬的？　(1) 里脊肉　(2) 頸部肉　(3) 後腿肉　(4) 肩胛肉。

（ 3 ） 17. 豬肉乾常用的原料為？　(1) 里脊肉　(2) 五花肉　(3) 後腿肉　(4) 豬頭肉。

（ 2 ） 18. 生肉與熟食製品於冷藏庫中？　(1) 必需混合存放　(2) 嚴格分開存放　(3) 偶可混合存放 (4) 視需要而定。

（ 2 ） 19. 熱狗包裝時，室溫宜控制在？　(1)5℃以下　(2)12～15℃　(3)25～30℃　(4)35℃。

（ 3 ） 20. 下列何者為控制肉製品保存之最重要因素？　(1) 時間　(2) 光度　(3) 溫度　(4) 包裝。

（ 3 ） 21. 肉製品貯藏時最危險溫度為？　(1)-18℃以下　(2)0～7℃　(3)15～50℃　(4)65℃以上。

（ 1 ） 22. 冷凍肉入庫前之肉溫應先降溫至？　(1)7℃　(2)25℃　(3)30℃　(4)35℃　以下。

（ 1 ） 23. 急速冷凍庫之庫溫應控制在？　(1)-35℃　(2)-18℃　(3)25℃　(4)35℃　以下。

（ 3 ） 24. 肉製品低溫冷藏時，仍可生長的微生物為？　(1) 嗜熱性細菌　(2) 嗜中溫性細菌　(3) 嗜冷性細菌　(4) 所有微生物皆不能生長。

(1) 25. 擊昏電壓太高及時間過長時，易使肉質？　(1) 發生出血斑　(2) 有良好肌肉纖維性　(3) 保水性較佳　(4) 屠宰率高。

(1) 26. 冷凍原料肉以何種解凍方法品質較佳？　(1)冷空氣解凍　(2)常溫解凍　(3)熱水解凍　(4) 浸水解凍。

(2) 27. 原料肉凍結方法以何者最佳？　(1) 緩慢冷凍　(2) 急速冷凍　(3) 浸漬冰水　(4) 冷藏庫中。

(2) 28. 冷凍肉之冰晶形成愈大，則解凍時汁液流失量？　(1) 愈少　(2) 愈多　(3) 無影響　(4) 一 樣多。

(4) 29. 原料肉的貯藏一般常用？　(1) 濃縮　(2) 乾燥　(3) 加熱保存　(4) 冷藏、冷凍　方法。

(3) 30. 冷凍肉之最久保存以不超過？　(1)2 週　(2)2 個月　(3)6 個月～1 年　(4)2 年以上。

(4) 31. 屠肉凍藏時，減少水分流失及品質變化之方法？　(1) 不必包裝相互堆積　(2) 以紙包裝　(3) 降低凍藏溫度　(4) 包裝完整後，經急速凍結至 -18℃。

(1) 32. 冷凍肉凍藏時如不加以適當包裝，則易使肉品發生？　(1) 凍燒　(2) 長黴　(3) 腐敗　(4) 結冰。

(4) 33. 屠宰率指？　(1)活體重佔屠體重之百分比　(2)活體重大小之比　(3)屠體重大小之比　(4) 屠體重佔活體重之百分比。

(2) 34. 解凍僵直對肌肉品質之影響？　(1) 改善肉色　(2) 肉汁游離及肉質變韌　(3) 保水性增加　(4) 肉質變軟。

(4) 35. 家禽屠宰冷卻時冷卻水中常添加氯，其目的在？　(1) 改善色澤　(2) 降低溫度　(3) 改善肉質　(4) 殺菌。

(4) 36. 製作豬肉乾不適使用的原料肉是？　(1) 冷藏肉　(2) 冷凍肉　(3) 新鮮肉　(4) 預煮肉。

(3) 37. 下列何者最適作為脆皮烤鴨的原料肉？　(1) 對剖的鴨屠體　(2) 去腿、去翅的鴨屠體　(3) 豐腴完整的鴨屠體　(4) 去頭、去尾的鴨屠體。

(3) 38. 原料肉預醃時主要需添加？　(1) 味精　(2) 砂糖　(3) 食鹽　(4) 香辛料。

(4) 39. 乳化肉製品一般常用之脂肪為？　(1) 沙拉油　(2) 羊脂　(3) 牛脂　(4) 豬背脂。

(2) 40. 機械去骨肉一般常用於？　(1) 肉乾　(2) 乳化式香腸　(3) 火腿　(4) 臘肉。

(2) 41. 溫體效應肉一般指？　(1) 冷凍後　(2) 僵直前　(3) 僵直後　(4) 加溫水煮後　之肉。

(3) 42. 肉雞屠宰時，一般燙毛的水溫為？　(1)45℃以下　(2)45～50℃　(3)60℃左右　(4)70℃ 以上。

(1) 43. 屠體存放於較高溫度下易發生？　(1) 微生物生長快速　(2) 堅硬、深暗色肉　(3) 保水性 較佳　(4) 與肉質無影響。

(4) 44. 屠體噴酸處理其目的？ (1) 促進發色 (2) 增加屠體重 (3) 降低溫度 (4) 抑制微生物生長。

(3) 45. 豬隻電宰後，屠體應？ (1) 分切裝箱 (2) 置於室溫中 (3) 立即冷卻 (4) 立即冷凍。

(4) 46. 磷酸鹽在肉製品中有助於增加保水及結著性外，並有下列何種效果？ (1) 發色 (2) 降溫 (3) 增加營養 (4) 抑菌。

(2) 47. 原料肉之滾動處理應於何處進行？ (1) 室溫 (2) 冷藏庫 (3) 冷凍庫 (4) 熱蒸氣。

(2) 48. 冷鹽水處理禽肉，其食鹽濃度應控制為？ (1)0.5％以下 (2)0.8～1％ (3)3～5％ (4)6～10％。

(3) 49. 屠後屠體熟成之目的為？ (1) 使肉質堅硬 (2) 增加屠體重 (3) 肉質嫩化 (4) 增加失重率。

(4) 50. 蛋白分解酵素可促使肉質產生下列何種效果？ (1) 硬化 (2) 發色 (3) 失重 (4) 嫩化。

(4) 51. 溫體效應肉加工之特性有？ (1) 降低製品品質 (2) 降低製成率 (3) 易於腐敗 (4) 提高乳化保水性。

(2) 52. 肉品冷凍時最大冰晶生成帶之溫度約在？ (1)+4.4℃ (2)-0.6～-3.9℃ (3)-7℃ (4)-18℃。

(3) 53. 下列何種物質可促進肉品乳化效果？ (1) 維他命 C (2) 己二烯酸鈉 (3) 磷酸鹽類 (4) 亞硝酸鈉。

(4) 54. 促進肉品結著性在原料肉處理時所萃取的蛋白質屬何種？ (1) 膠原蛋白 (2) 彈性纖維蛋白 (3) 肌紅蛋白 (4) 肌原纖維蛋白。

(3) 55. 熟成處理其目的？ (1) 增加肉之硬度 (2) 增加肉的重量 (3) 有嫩化及促進風味的效果 (4) 促進發色。

(4) 56. 豬隻屠宰時，下列何種處理較易發生 DFD 肉？ (1) 經獸醫屠前檢查 (2) 繫留時充分給水 (3) 繫留時不給予餵食飼料 (4) 繫留時加以追趕及綑綁。

(4) 57. 西式火腿製造對原料肉之處理，下列何種方式可促進肉品之結著性？ (1) 冷凍醃漬 (2) 燻煙 (3) 乾燥 (4) 按摩滾動。

(3) 58. 脆皮烤鴨製作時促進鴨皮之脆度時，下列何者處理是必要的？ (1) 原料鴨冷凍處理 (2) 按摩滾動處理 (3) 皮下吹氣及上脆皮水 (4) 滷煮。

(4) 59. 燒烤製品其下列哪種溫度較適合供為烘烤時的溫度？ (1)55～65℃ (2)70～85℃ (3)95～100℃ (4)160～180℃。

(2) 60. 家畜禽屠宰之一般作業應於？ (1)昏迷 (2)放血 (3)獸醫檢查 (4)分切 作業完成後，始得進行燙毛作業。

(4) 61. 屠宰場使用之刀具應使用？　(1)58℃　(2)65℃　(3)75℃　(4)83℃　以上之熱水消毒。

(4) 62. 屠宰場內檢查屠體及內臟表面之照明光度應達？　(1)200　(2)300　(3)400　(4)500　米燭光以上且光源應不影響色澤。

(2) 63. 屠宰場檢查站內應設？　(1)100　(2)150　(3)200　(4)250　公分見方之不失真鏡子，供檢查人員檢查屠體背側。

(1) 64. 屠體分切包裝作業的工作檯面照明光度應達？　(1)200　(2)300　(3)400　(4)500　米燭光以上。

(1) 65. 家畜禽的放血作業是屬於？　(1) 污染區　(2) 一般作業區　(3) 準清潔作業區　(4) 清潔作業區。

(2) 66. 家畜禽的燙毛作業是屬於？　(1) 污染區　(2) 一般作業區　(3) 準清潔作業區　(4) 清潔作業區。

(3) 67. 家畜禽的屠體清洗作業是屬於？　(1) 污染區　(2) 一般作業區　(2) 準清潔作業區　(4) 清潔作業區。

(4) 68. 家畜禽的屠體預冷作業是屬於？　(1) 污染區　(2) 一般作業區　(3) 準清潔作業區　(4) 清潔作業區。

(4) 69. 家畜禽的屠體分切包裝作業是屬於？　(1)污染區　(2) 一般作業區　(3)準清潔作業區　(4) 清潔作業區。

(3) 70. 原料肉混合作業是屬於？　(1) 污染區　(2) 一般作業區　(3) 準清潔作業區　(4) 清潔作業區。

(4) 71. 熱狗類產品去腸衣作業是屬於？　(1) 污染區　(2) 一般作業區　(3) 準清潔作業區　(4) 清潔作業區。

(1) 72. 原物料倉庫及冷藏（凍）庫內物品存放與牆壁須有適當間隔？　(1)5　(2)10　(3)15　(4)20　公分以上。

(4) 73. 豬屠體預冷室內屠體排列不得過密，其空間應能維持每 2 公尺吊軌吊掛豬體？　(1)3　(2)4　(3)5　(4)6　頭以下。

(1) 74. 牛屠體預冷室內屠體排列不得過密，其空間應能維持每 2 公尺吊軌吊掛牛體？　(1)3　(2)4　(3)5　(4)6　頭以下。

工作項目 04：肉製品加工機具

(2) 1. 製作肉絨及肉酥，需用到下列何種設備？ (1) 絞肉機 (2) 加壓二重釜 (3) 細切機 (4) 成型機。

(1) 2. 製作豬肉乾需用到下列何種設備？ (1) 高溫烘烤機 (2) 絞肉機 (3) 充填機 (4) 細切機。

(1) 3. 製作中式香腸，需用到下列何種設備？ (1) 絞肉機 (2) 燒烤機 (3) 揉絲機 (4) 剝腸衣機。

(4) 4. 製作熱狗，需用到下列何種設備？ (1) 蒸氣二重釜 (2) 揉絲機 (3) 注射機 (4) 細切機。

(4) 5. 製作法蘭克福香腸，需用到下列何種設備？ (1) 揉絲機 (2) 蒸氣二重釜 (3) 注射機 (4) 剝腸衣機。

(3) 6. 製作臘肉，需用到下列何種設備？ (1) 蒸氣二重釜 (2) 揉絲機 (3) 滾動或按摩機 (4) 剝腸衣機。

(1) 7. 製作烤雞，需用到下列何種設備？ (1) 燒烤爐 (2) 蒸氣二重釜 (3) 揉絲機 (4) 成型機。

(1) 8. 製作臘肉，需用到下列何種設備？ (1) 注射機 (2) 蒸氣二重釜 (3) 焙炒機 (4) 剝腸衣機。

(3) 9. 製作貢丸，需用到下列何種設備？ (1) 注射機 (2) 乾燥機 (3) 成型機 (4) 揉絲機。

(3) 10. 製作貢丸打漿，需用到下列何種設備？ (1) 揉絲機 (2) 注射機 (3) 擂潰機 (4) 乾燥機。

(4) 11. 洗刷肉製品加工機器設備之熱水溫度，最好是幾度？ (1)52℃ (2)62℃ (3)72℃ (4)82℃。

(1) 12. 機器設備洗淨後與肉製品接觸面，可用何種保護油塗佈？ (1) 白礦油 (2) 豬油 (3) 機油 (4) 去漬油。

(2) 13. 製作肉酥時，不需用到下列何種機械？ (1) 加壓二重釜 (2) 切片機 (3) 旋轉式焙炒機 (4) 揉絲機。

(2) 14. 製作中式香腸時，下列機械何者通常不需用到？ (1) 絞肉機 (2) 注射機 (3) 攪拌機 (4) 灌腸機。

(4) 15. 製作板鴨時，需用到下列何種設備？ (1) 成型機 (2) 蒸氣二重釜 (3) 按摩設備 (4) 乾燥燻煙室。

(3) 16. 製作熱狗時，需用到下列何種設備？ (1) 擂潰機 (2) 切片機 (3) 水煮設備 (4) 注射機。

(4) 17. 製作鹽水鴨時，不需用到下列何種設備？ (1) 水煮設備 (2) 醃漬設備 (3) 冷藏設備 (4) 乾燥燻煙設備。

(3) 18. 肉製品加工機械之最適宜材質是？ (1) 木材 (2) 鑄鐵 (3) 不鏽鋼 (4) 塑鋼。

(3) 19. 操作肉製品加工機械時，下列敘述何者正確？　(1) 抽菸　(2) 聊天　(3) 穿著工作服及絕緣手套、膠鞋　(4) 穿著便服、便鞋即可。

(4) 20. 清洗肉製品加工機械使用之清潔劑，需使用下列何者？　(1) 漂白水　(2) 無煙鹽酸　(3) 酒精　(4) 食品級清潔劑。

(1) 21. 肉製品加工機械於何時清洗為宜？　(1) 每日用後　(2) 每隔一天　(3) 三天一次　(4) 想到的時候。

(4) 22. 下列何種肉製品加工機械不具有真空設備？　(1) 滾動式按摩機　(2) 真空封罐機　(3) 充氣包裝機　(4) 香腸打結機。

(4) 23. 肉製品加工廠內使用之容器，下列何者不宜使用？　(1) 不鏽鋼桶　(2) 塑膠盤　(3) 白鐵鍋　(4) 竹篩或鉛盤。

(2) 24. 操作或維修肉製品加工機器，以下列何種方法最好？　(1) 快速的方法　(2) 安全的方法　(3) 省力的方法　(4) 費力的方法。

(3) 25. 肉製品加工機具構造上應以下列何者為其原則？　(1) 精密複雜　(2) 一體成型　(3) 易拆易洗　(4) 體積龐大。

(4) 26. 為操作便利，下列何種物品可放置地上？　(1) 成品　(2) 原物料　(3) 廢棄肉製品　(4) 棧板。

(4) 27. 肉製品加工廠工作完畢，應檢查下列何種事項？　(1) 原料肉　(2) 物料　(3) 添加物　(4) 水電及瓦斯。

(4) 28. 下列何種肉製品加工設備之電壓適用 110V？　(1) 全自動注射機　(2) 烤爐　(3) 自動式細切機　(4) 揉絲機。

(2) 29. 製作西式火腿時，以下列何種設備最適宜？　(1) 熱風乾燥機　(2) 自動溫控乾燥燻煙室　(3) 鐵皮圓筒爐　(4) 磚砌式烤爐。

(4) 30. 中式香腸為維持產品品質，以下列何種設備包裝為佳？　(1) 腳踏式封口機　(2) 真空包裝機　(3) 充二氧化碳包裝機　(4) 自動成型真空充氮包裝機。

(2) 31. 下列何種設備屬 220V 三相之電源？　(1) 手動封口機　(2) 自動成型真空充氮包裝機　(3) 桌上型切片機　(4) 桌上型充填機。

(1) 32. 製作醉雞時，不需使用下列何種設備？　(1) 細切機　(2) 包裝機　(3) 蒸煮鍋　(4) 醃漬室。

(2) 33. 下列何種肉製品加工設備用畢後，不可用水沖洗？　(1) 充填機　(2) 自動成型真空包裝機　(3) 注射機　(4) 絞肉機。

(1) 34. 下列何者不是自動成型真空充氣包裝機之功能？　(1) 印刷　(2) 切割　(3) 抽真空　(4) 充氣、封口。

(1) 35. 目前肉製品加工廠以下列何種設備製作臘肉最佳？ (1) 針刺、滾動按摩機 (2) 開放式按摩機 (3) 立式真空滾筒 (4) 雙軸式攪拌機。

(2) 36. 加壓二重釜較低成本之熱源為？ (1) 電熱 (2) 蒸氣 (3) 紅外線 (4) 瓦斯。

(3) 37. 清洗機械之前，下列何種步驟有誤？ (1) 關掉電源 (2) 除去表面之肉屑 (3) 準備大量漂白水 (4) 用合格之清潔劑。

(1) 38. 使用下列何種設備，可使每節熱狗長短、大小、重量均一？ (1) 自動打節懸吊式充填機 (2) 油壓式非真空充填機配合自動打節機 (3) 真空充填機配合人工打節 (4) 開放式充填機。

(2) 39. 製作肉絨及肉酥，除了使用加壓二重釜作煮肉設備外，尚需下列何種設備？ (1) 絞肉機 (2) 旋轉式焙炒機 (3) 細切機 (4) 成型機。

(1) 40. 製作肉乾，除了切片機外，尚需下列何種設備？ (1) 乾燥機 (2) 絞肉機 (3) 細切機 (4) 充填機。

(1) 41. 製作中式香腸，除了使用絞肉機外，尚需下列何種設備？ (1) 油壓式充填機 (2) 燒烤機 (3) 揉絲機 (4) 剝腸衣機。

(4) 42. 製作熱狗時，除了使用細切機外，尚需下列何種設備？ (1) 加壓二重釜 (2) 揉絲機 (3) 注射機 (4) 乾燥、燻煙、水煮設備。

(3) 43. 製作熱狗時，除了使用定量充填機外，尚需下列何種設備？ (1) 加壓式模具 (2) 揉絲機 (3) 剝腸衣機 (4) 醃漬機。

(4) 44. 以腹脅肉為原料製作臘肉，除了使用注射機外，尚需下列何種設備？ (1) 蒸氣二重釜 (2) 高溫烘烤機 (3) 細切機 (4) 加壓式模具及切片機。

(2) 45. 製作中式香腸時，除了使用充填機外，尚需使用下列何種設備？ (1) 注射機 (2) 真空充氮包裝機 (3) 剝腸衣機 (4) 蒸煮機。

(1) 46. 製作貢丸時，除了使用變速擂潰機外，尚需下列何種設備？ (1) 自動成型機 (2) 注射機 (3) 乾燥機 (4) 烤爐。

(1) 47. 洗刷肉製品加工機器設備，除了需要82℃熱水外，尚需下列何種物質配合？ (1) 無腐蝕性清潔劑 (2) 沙拉油 (3) 洗衣粉 (4) 鹽酸。

(2) 48. 加工機具清洗後，進行保養處理時，於噴灑白礦油之前，最好先進行何種處理？ (1) 以抹布擦拭表面 (2) 以氣動設備吹乾表面 (3) 以擦手紙擦拭表面 (4) 不必拭去水漬。

(1) 49. 製作板鴨時，除了使用乾燥燻煙室外，尚需下列何種設備？ (1) 冷藏醃漬室 (2) 成型機 (3) 按摩設備 (4) 蒸氣二重釜。

(2) 50. 自動成型真空充氣包裝機，除了具備抽真空之功能外，尚有下列何種功能？　(1) 捲封　(2) 充氮氣　(3) 印刷圖案　(4) 殺菌。

(1) 51. 吊掛香腸或熱狗之吊掛桿材質，以下列何者最符合衛生要求？　(1) 不鏽鋼　(2) 鋁質　(3) 竹材　(4) 塑膠。

(4) 52. 下列何者不是絞肉機絞切功能上之必要構造？　(1) 螺旋推進器　(2) 絞肉刀　(3) 絞肉盤　(4) 充填管。

(1) 53. 原料肉分切處理時，為了提高安全性，最好佩戴？　(1) 不銹鋼套　(2) 塑膠手套　(3) 棉手套　(4) 橡膠手套。

(4) 54. 肉品加工時，應注意電容量之負荷，保險絲若被燒斷，可使用？　(1) 銅線　(2) 鐵線　(3) 鉛線　(4) 新的保險絲　代替，以避免工作停頓。

(3) 55. 絞肉機操作時，為了安全操作人員應？　(1) 可將入料口護罩柵拿掉　(2) 以手推擠　(3) 以推肉棒操作　(4) 以木棒操作。

(3) 56. 肉品加工機械若生鏽，應採取何種步驟較為衛生安全？　(1) 取一般油漆塗布即可　(2) 不必處理　(3) 應除鏽後再以合乎食品法規之塗料加以處理　(4) 除鏽處理即可。

(1) 57. 滾打或按摩機械之作用；下列何種是錯誤？　(1) 可減少肌肉鹽溶性蛋白質抽取　(2) 可加速肉質嫩化　(3) 提高產品之結著力　(4) 提高製造產率。

(3) 58. 原料肉操作過程中，若刀具切到膿應作何處理較適當？　(1) 用水沖洗即可　(2) 用酒精直接消毒　(3) 清水沖洗後再以 83℃熱水消毒　(4) 以衛生紙擦拭。

(3) 59. 為了保持加工機械運轉順暢應定期作何種處理？　(1) 只用水沖洗　(2) 清洗後塗布機油　(3) 清洗後塗布可食性潤滑油　(4) 清洗後塗布沙拉油。

(1) 60. 絞肉機之零件組合，何者順序是正確？　(1) 螺旋推進器、鋼刀、絞肉盤　(2) 螺旋推進器、絞肉盤、鋼刀　(3) 絞肉盤、螺旋推進器、鋼刀　(4) 鋼刀、絞肉盤、螺旋推進器。

(2) 61. 製作熱狗製品需下列何種機具？　(1) 成型機　(2) 手動或油壓式充填機　(3) 揉絲機　(4) 注射機。

(3) 62. 製作貢丸製品需下列何種機具？　(1) 熱風乾燥機　(2) 手動或油壓式充填機　(3) 附安全網之攪拌機　(4) 注射機。

(4) 63. 製作中式香腸製品需下列何種機具？　(1) 滷煮機　(2) 焙炒機　(3) 揉絲機　(4) 絞肉機。

(4) 64. 製作臘肉製品需下列何種機具？　(1) 成型機　(2) 手動或油壓式充填機　(3) 乳化機　(4) 不鏽鋼掛鉤。

(1) 65. 製作板鴨製品需下列何種機具？　(1) 熱風乾燥機　(2) 手動或油壓式充填機　(3) 乳化機　(4) 成型機。

(2) 66. 製作肉酥製品需下列何種機具？ (1) 絞肉機 (2) 焙炒乾燥機 (3) 細切機 (4) 成型機。

(1) 67. 製作肉脯製品需下列何種機具？ (1) 切片機 (2) 焙炒機 (3) 乳化機 (4) 揉絲機。

(4) 68. 牛肉乾製品厚度測定時需用下列何種機具？ (1) 細切機 (2) 揉絲機 (3) 絞肉機 (4) 厚度計。

(4) 69. 製作烤雞製品需下列何種機具？ (1) 焙炒機 (2) 成型機 (3) 附安全網之攪拌機 (4) 不鏽鋼掛鉤。

(1) 70. 製作滷豬腳製品需下列何種機具？ (1) 不鏽鋼拔毛器 (2) 成型機 (3) 熱風乾燥機 (4) 燒烤爐。

工作項目 05：肉製品製作技術

(2) 1. 添加亞硝酸鹽在醃漬類肉製品中，下列何者不是其主要目的？ (1) 抑制肉毒桿菌 (2) 保水 (3) 防腐 (4) 抗氧化。

(4) 2. 肉製品加工乳化操作時常會加冰水或冰屑，它的目的不包括？ (1) 增重 (2) 降低溫度 (3) 防止失重 (4) 發色。

(1) 3. 乳化類肉製品加工乳化操作時應先加入？ (1) 食鹽 (2) 調味料 (3) 脂肪 (4) 糖。

(1) 4. 乳化型香腸製品常發現有脂肪或水游離，其原因是？ (1) 乳化不安定 (2) 水加太少 (3) 油加太少 (4) 瘦肉、肥肉比太高。

(3) 5. 醃漬液調配時，應先溶解？ (1) 食鹽 (2) 糖和調味料 (3) 磷酸鹽 (4) 味精。

(3) 6. 充填中式香腸時，以下列何種條件較佳？ (1) 手工充填 (2) 絞肉機充填 (3) 真空充填 (4) 非真空充填。

(2) 7. 香腸製品蒸煮時，產品中心溫度至少應達？ (1)50 ～ 60℃ (2)65.5 ～ 68.3℃ (3)80 ～ 90℃ (4)90℃以上。

(1) 8. 乳化型香腸充填後，為使其肉蛋白凝固及利於剝皮，除加熱至 60℃外，可以在加熱前？ (1) 浸醋酸溶液 (2) 加鹽 (3) 浸水 (4) 浸糖液。

(4) 9. 製作脆皮烤鴨及乳豬時，其燙皮之水溫應保持多少溫度以上？ (1)65℃ (2)75℃ (3)85℃ (4)95℃。

(2) 10. 如欲在肉酥中加入豆粉，應在？ (1) 前段水煮時 (2) 乾燥焙炒前段時 (3) 焙炒後段時 (4) 冷卻時。

(1) 11. 要使肉酥外觀較具光澤、芳香，可在焙炒後段時間快完成前潑灑下？ (1) 熱豬油 (2) 熱糖漿 (3) 醬油 (4) 食鹽。

(1) 12. 香腸充填之腸衣以何種的韌性最佳、細菌數最高？ (1) 天然腸衣 (2) 膠原纖維蛋白腸衣 (3) 纖維素腸衣 (4) 塑膠腸衣。

(1) 13. 肉製品乾燥時要使受熱均勻，乾燥室中的氣體應？　(1) 循環流動　(2) 靜止　(3) 抽氣　(4) 充氣。

(1) 14. 肉乾乾燥時如升溫速度太快，易使產品變成？　(1) 堅硬、捲起　(2) 柔軟　(3) 鬆散　(4) 潮濕。

(3) 15. 肉乾製品製作時蔗糖添加量太高時產品？　(1) 易乾燥　(2) 太硬　(3) 發色不良　(4) 色澤太暗。

(1) 16. 理論上製作熱狗最先加入的食品添加物是？　(1) 磷酸鹽　(2) 食鹽　(3) 己二烯酸鉀　(4) 異抗壞血酸鈉。

(1) 17. 製作中式香腸時其醃漬過程溫度應控制在幾℃？　(1)0 ～ 5℃　(2)10℃　(3)15℃　(4) 任何溫度均可。

(2) 18. 製作肉絨時，下列何者不正確？　(1) 原料肉需完全煮至纖維鬆開，再加以揉絲　(2) 使用冷凍肉　(3) 豆粉需在焙炒前段即加入　(4) 使用新鮮豬油。

(4) 19. 原料肉絞碎過程，下列何者不正確？　(1) 需先去除筋膜、軟骨　(2) 使用鋒利的絞肉刀　(3) 絞肉盤之孔徑依產品大小區分　(4) 原料肉直接投入絞肉機，無需先經處理。

(3) 20. 製作中式香腸，其製作技術，下列何者正確？　(1) 於室溫下進行攪拌處理　(2) 使用來路不明原料肉　(3) 控制原料肉之肥瘦比　(4) 延長乾燥時間。

(3) 21. 製作叉燒肉的製作流程上，下列何者不正確？　(1) 使用新鮮原料肉　(2) 原料肉加以醃漬處理　(3) 燒烤時間可任意延長　(4) 原料肉大小厚薄要固定。

(4) 22. 連續燻煙系統，不具有下列何種優點？　(1) 節省空間　(2) 產量高　(3) 操作迅速　(4) 投資小。

(3) 23. 抽取鹽溶性蛋白質最適室溫為？　(1)-5℃以下　(2)-5 ～ 0℃　(3)5 ～ 10℃　(4)15℃以上。

(2) 24. 牛肉乾製作時，其生肉加熱定型處理最適中心溫度為？　(1)40℃　(2)60℃　(3)80℃　(4)95℃。

(1) 25. 依 CAS 優良食品標誌肉品類標準，熱狗最終製品澱粉含量不得超過？　(1)6%　(2)8%　(3)9%　(4)10%。

(2) 26. 製作西式火腿時，以下列何種腸衣其充填效果最佳？　(1) 可食性腸衣　(2) 纖維性腸衣　(3) 天然腸衣　(4) 不透氣腸衣。

(2) 27. 為使肉製品外觀發色完全，乾燥煙燻之最適中心溫度為？　(1)30 ～ 35℃　(2)40 ～ 50℃　(3)50 ～ 60℃　(4)60℃以上。

(4) 28. 燻煙的主要目的不包含下列哪點？ (1) 賦予產品特殊風味 (2) 防腐作用 (3) 促進發色 (4) 增加製成率。

(1) 29. CAS 優良食品標誌肉品類規定不可食性腸衣，其內含游離性甲醛不得超過？ (1)100ppm (2)120ppm (3)130ppm (4)140ppm。

(4) 30. 肉製品加工，使用磷酸鹽目的不包括下列何項？ (1) 調整 pH 值 (2) 保水 (3) 螯合劑 (4) 發色。

(1) 31. 製作肉製品時，在配方計算與秤量之觀念上，下列何者正確？ (1) 使用公制 (2) 用湯匙計量 (3) 不考慮秤量之精確度 (4) 憑經驗即可。

(2) 32. 製作中式香腸時在製作流程上，製作技術與下列哪項有關？ (1) 加糖液 (2) 產品製成率 (3) 以任何溫度乾燥皆可 (4) 任意使用防腐劑。

(2) 33. 製作肉酥時，在製作熟練度上，下列何者正確？ (1) 不必考慮焙炒之溫控 (2) 注意原料肉之煮熟程度 (3) 原料肉筋膜脂肪處理不需注意 (4) 機具之使用熟練度無關。

(3) 34. 製作貢丸時在操作流程上，下列何者正確？ (1) 用手感覺肉溫 (2) 不考慮原料肉與添加物之添加次序 (3) 以不鏽鋼溫度計測量打漿時之肉溫 (4) 以大量碎冰控制肉溫。

(3) 35. 製作燒烤調理類之脆皮烤鴨時，在操作流程上，下列何者優先？ (1) 燒烤 (2) 燙皮 (3) 吹氣 (4) 抹鴨皮水。

(1) 36. 製作煙燻臘肉時，製作流程中，下列何者優先？ (1) 醃漬 (2) 乾燥 (3) 燻煙 (4) 水煮。

(1) 37. 製作非乳化類之中式香腸時，下列何種操作技術與製品滲油有關？ (1) 脂肪絞碎與高溫 （60℃以上）乾燥 (2) 未添加亞硝酸鈉 (3) 使用油壓式充填機 (4) 使用可食性腸衣。

(2) 38. 製作熱狗製品時，下列何種製作技術與製品滲油有關？ (1) 脂肪量添加不足 (2) 乳化後肉漿中心溫度 20℃以上 (3) 使用可食性腸衣 (4) 水煮後未冷卻即包裝。

(3) 39. 製作肉角時，在製作流程上，下列何者為優先？ (1) 原料肉先冷凍 (2) 原料肉先切片 (3) 原料肉先水煮定型再切塊 (4) 原料肉直接滷煮。

(1) 40. CAS 優良食品標誌肉品類規定可食性腸衣，其內含游離性甲醛不得超過？ (1)10ppm (2)20ppm (3)30ppm (4)40ppm。

(3) 41. 製作臘肉時在製作技術上，下列何者正確？ (1) 於室溫進行醃漬處理 (2) 可將原料肉細切並滾動 (3) 正確計量醃漬液的注射量 (4) 任意延長滾打時間達到保水效果。

(1) 42. 製作板鴨之過程，下列何者不正確？ (1) 不需使鴨體扁平 (2) 醃漬時間與溫度需低溫進行 (3) 記錄乾燥溫度與時間 (4) 需要加以燻煙。

(3) 43. 製作肉條之過程，下列何者不正確？ (1) 原料肉需先水煮、定型、剝絲 (2) 剝絲半成品可直接調味 (3) 產品無需乾燥 (4) 需要稱重，以了解製成率多少。

(2) 44. 稱取肉製品用之配料時，下列何者不正確？　(1) 磷酸鹽需分別稱取，不能與其他調味料混合一起　(2) 維他命 C 可與亞硝酸鹽放在一起　(3) 每種配料應有標示，以利分別　(4) 所有調味料除鹽外，可利用攪拌機攪拌均勻。

(3) 45. 製作肉乾時，下列步驟何者不正確？　(1) 原料肉先加以修整再切片　(2) 需要醃漬處理　(3) 不需經過乾燥　(4) 經烘烤風味較佳。

(4) 46. 下列何種肉製品無需經過燒烤處理？　(1) 烤雞　(2) 叉燒肉　(3) 烤鴨　(4) 臘肉。

(4) 47. 製作乳化類熱狗，下列步驟何者不正確？　(1) 瘦肉需先攪碎後再細切　(2) 先添加磷酸鹽與食鹽　(3) 產品需經乾燥以利發色　(4) 瘦肉與脂肪同時細切。

(2) 48. 為確保熱狗乳化過程溫度之控制，下列何者正確？　(1) 可添加食鹽　(2) 可添加碎冰　(3) 可添加大豆蛋白　(4) 可添加磷酸鹽。

(3) 49. 下列何者不會增加肉製品乳化性？　(1) 酪蛋白鈉　(2) 單離黃豆蛋白　(3) 澱粉　(4) 乳清蛋白。

(2) 50. 製作乳化類香腸抽取鹽溶性蛋白質，下列何者敘述不正確？　(1) 預醃處理　(2) 於 20℃ 進行乳化　(3) 細切處理　(4) 添加食鹽與磷酸鹽。

(2) 51. 熱狗水煮目的應不包括下列何者？　(1) 殺死肉中有害微生物　(2) 增加產品製成率　(3) 延長產品貯存期限　(4) 使消費者使用方便。

(4) 52. 下列何種處理方式不會增加肉製品類柔嫩度？　(1) 按摩處理　(2) 滾打處理　(3) 嫩化處理　(4) 添加肉精。

(4) 53. 中式香腸乾燥最主要目的不包括何者？　(1) 去除內、外部水分　(2) 發色　(3) 風味　(4) 增加製成率。

(3) 54. 下列敘述何者不正確？　(1) 肉製品乳化操作應控制最終溫度　(2) 乳化操作有助於肉類柔嫩度　(3) 滾打不會增加鹽溶性蛋白質抽取　(4) 貢丸成型時需控制溫度。

(1) 55. 製作臘肉下列何者不正確？　(1) 注射醃漬液可增加醃漬時間　(2) 煙燻處理可增加風味　(3) 冷凍定型以利產品切片性　(4) 使用滾打可提高製成率。

(1) 56. 下列何種肉製品無需經過煙燻處理？　(1) 叉燒肉　(2) 臘肉　(3) 熱狗　(4) 鴨排。

(4) 57. 使用不可食腸衣於熱狗製作，不具有下列何者優點？　(1) 直徑一致　(2) 充填效率高　(3) 易剝皮　(4) 可增加產品製成率。

(1) 58. 下列何者可使用於乳化香腸降低成本？　(1) 機械去骨禽肉　(2) 前腿肉　(3) 後腿肉　(4) 里脊肉。

(2) 59. 所謂 PSE 豬肉是指屠宰 1 小時後其 pH 值在多少以下？　(1)5.4　(2)5.6　(3)5.8　(4)5.9。

(4) 60. 下列何者不是製作臘肉應注意事項？ (1) 原料肉新鮮度 (2) 醃漬液注射率 (3) 使用滾動 (4) 必須使用非肉製品添加物。

(4) 61. 製作醉雞，下列何者不正確？ (1) 以土雞或肉雞為原料 (2) 需去除內臟再用水煮熟 (3) 需浸泡配料 (4) 需經乾燥處理。

(3) 62. 製造燒腩下列何者不正確？ (1) 以帶皮五花肉為原料 (2) 需經燙煮或燙皮 (3) 不需經醃漬 (4) 需經燒烤。

(2) 63. 製造滷豬腳下列何者不正確？ (1) 豬腳先經去毛、洗淨 (2) 不需經燙煮 (3) 台式為利用滷汁滷煮而成 (4) 港式為於熱水中煮熟後，再於滷汁中冷藏浸漬而成。

(3) 64. 製造脆皮烤鴨下列何者不正確？ (1) 鴨體需經打氣 (2) 清除內臟縫合再打氣 (3) 需經燻煙 (4) 需經燙皮。

(3) 65. 製作板鴨，下列何者不正確？ (1) 以健康鴨體為原料 (2) 原料需經剖腹清除內臟 (3) 不需醃漬可直接乾燥 (4) 需經乾燥。

(4) 66. 製造臘肉下列何者不正確？ (1) 以豬腹脇肉為原料 (2) 以豬後腿肉為原料 (3) 需經醃漬 (4) 不需乾燥。

(4) 67. 製造鹽水鴨下列何者不正確？ (1) 以豐碩鴨屠體為原料 (2) 需經醃漬處理 (3) 需經滷煮 (4) 需經烘烤。

(1) 68. 下列何種肉製品之加工過程，通常無需經過醃漬處理？ (1) 貢丸 (2) 中式香腸 (3) 臘肉 (4) 板鴨。

(1) 69. 下列何種肉製品之加工過程，通常無需經過乳化處理？ (1) 肉絲 (2) 貢丸 (3) 熱狗 (4) 法蘭克福香腸。

(2) 70. 下列何種肉製品之加工過程，通常無需經過乾燥處理？ (1) 臘肉 (2) 貢丸 (3) 熱狗 (4) 肉乾。

(3) 71. 下列何種肉製品之加工過程，通常無需經過水煮處理？ (1) 法蘭克福香腸 (2) 鹽水鴨 (3) 中式香腸 (4) 醉雞。

(3) 72. 下列何種肉製品之加工過程，通常需經絞碎處理？ (1) 肉角 (2) 肉條 (3) 中式香腸 (4) 肉酥。

(4) 73. 製作牛肉乾通常未添加？ (1) 食鹽 (2) 味精 (3) 砂糖 (4) 亞硝酸鈉。

(3) 74. 製作脆皮烤鴨通常為？ (1) 無乾燥、無水煮 (2) 無乾燥、需水煮 (3) 需乾燥、無水煮 (4) 需乾燥、需水煮 之處理。

(2) 75. 製作法蘭克福香腸，製作流程中下列何者優先？ (1) 充填 (2) 乳化 (3) 水煮 (4) 乾燥。

(4) 76. 脆皮水通常由哪些原料調製而成？　(1) 水、麥芽糖、酥油　(2) 醋、麥芽糖、酥油　(3) 水、醋、酥油　(4) 水、麥芽糖、醋。

(3) 77. 下列何種肉製品之加工過程，通常需經乾燥、水煮處理？　(1) 中式香腸　(2) 貢丸　(3) 法蘭克福香腸　(4) 臘肉。

(3) 78. 製作牛肉乾之加工順序通常為？　(1) 生肉→切片→預煮→滷煮→乾燥　(2) 生肉→切片→預煮→乾燥→滷煮　(3) 生肉→預煮→切片→滷煮→乾燥　(4) 生肉→預煮→滷煮→切片→乾燥。

(2) 79. 肉品乳化作業時添加磷酸鹽其主要有萃取？　(1) 肉中脂肪　(2) 肉中鹽溶性蛋白質　(3) 肉中水分　(4) 肉中礦物質　之功能。

(3) 80. 肉品乳化作業完成時其肉漿溫度應在？　(1)-10℃　(2)-7~0℃　(3)8~15℃　(4)25℃ 以上為佳。

(1) 81. 肉品乳化作業時添加食鹽是為？　(1) 促進抽出鹽溶性蛋白質　(2) 增重　(3) 促進肉之筋腱軟化　(4) 促進發色　之效果。

(4) 82. 醃漬肉色之形成其主要是亞硝酸鈉與？　(1) 肉中礦物質　(2) 肌肉中鹽溶性蛋白質　(3) 肌肉中維生素　(4) 肌肉中肌紅蛋白　之作用。

(2) 83. 滾打與按摩作業時醃漬液中常添加的成分為？　(1) 食鹽＋脂肪　(2) 聚合磷酸鹽＋食鹽　(3) 食鹽＋維生素　(4) 黃豆蛋白＋礦物質。

(4) 84. 滾打與按摩作業有助於？　(1) 肌肉中水分之抽出　(2) 使肌肉中脂肪抽出　(3) 促進肉之分離細碎　(4) 增進肉製品之結著性。

(4) 85. 醉雞製作之程序下列何者正確？　(1) 原料雞與配料大火滷煮　(2) 原料雞與配料溫火滷製　(3) 原料雞經醃漬乾燥後再水煮　(4) 原料雞煮熟後再浸漬於冷卻之滷汁中冷藏製成。

(4) 86. 醉雞製作時其添加之酒料？　(1) 與雞同時滷煮　(2) 與香配料同時水煮　(3) 香配料滷煮完成後趁熱加入混合　(4) 香配料先滷煮成滷汁冷卻後再加入混勻。

(3) 87. 烤鴨製作時塗脆皮水之時間？　(1) 鴨隻屠後即時塗刷　(2) 鴨隻於吹氣川燙後即塗刷　(3) 鴨隻吹氣、川燙風乾後再塗刷　(4) 鴨隻烘烤後再塗刷。

(2) 88. 要皮脆、色佳之烤鴨產品在烘烤作業時要？　(1) 鴨隻屠後即時烘烤　(2) 鴨隻吹氣、川燙、塗脆皮水、風乾後烘烤　(3) 塗上脆皮水趁鴨皮還溼熱即時烘烤　(4) 脆皮水需鴨隻烤熟後再塗刷。

(4) 89. 製作肉鬆之油酥作業時？　(1) 油脂需先於原料肉醃漬再預煮　(2) 焙炒中需添加熱油　(3) 待焙炒完成冷卻後再加入熱油　(4) 焙炒完成趁熱加入熱油。

(1) 90. 下列哪一種產品特性還是未熟品？　(1) 培根　(2) 貢丸　(3) 熱狗　(4) 醉雞。

（ 3 ）91. 下列哪一種產品製作時需用冷滷技術？ (1) 烤雞 (2) 烤鴨 (3) 醉雞 (4) 板鴨。

（ 4 ）92. 鹽水鴨之製作技術？ (1) 與配料醃漬、乾燥 (2) 配料醃漬後油炸 (3) 塗抹配料後水煮再燒烤 (4) 塗抹配料醃漬再水煮後冷卻。

（ 4 ）93. 熟品之水煮過程其肉中心溫度需達？ (1)40℃以下 (2)45～50℃ (3)55～60℃ (4)73℃以上 即可。

（ 3 ）94. 下列何種流程為製作肉角時非必要的處理？ (1) 原料肉預煮 (2) 切肉角、焙滷 (3) 焙炒油酥 (4) 焙滷乾燥。

（ 1 ）95. 貢丸與熱狗製作時，下列敘述何者不正確？ (1) 添加相同量的碎冰 (2) 皆需添加食鹽與磷酸鹽 (3) 皆需乳化作業 (4) 皆需加熱煮熟。

（ 4 ）96. 下列何種腸衣無煙燻滲透效果？ (1) 膠原蛋白腸衣 (2) 豬腸衣 (3) 纖維腸衣 (4) 聚氯化乙烯腸衣。

（ 3 ）97. 白香腸製品不添加下列哪種物質？ (1) 磷酸鹽 (2) 異抗壞血酸鈉 (3) 亞硝酸鈉 (4) 糖。

（ 4 ）98. 中式臘肉之製作時下列何種處理不適用？ (1) 原料肉分切整型 (2) 醃漬 (3) 乾燥煙燻 (4) 滷煮。

工作項目 06：肉製品包裝與標示

（ 3 ）1. 在適當的貯存時間內，能使鮮肉呈鮮紅色的氣體是？ (1) 二氧化碳 (2) 氮氣 (3) 氧氣 (4) 氦氣。

（ 3 ）2. 冷凍肉發生凍傷之主要原因是？ (1) 溫度太低 (2) 溫度太高 (3) 包裝及貯存不良 (4) 自然現象。

（ 4 ）3. 保麗龍容器（發泡聚苯乙烯）在肉製品包裝上應用廣泛，可是它最大的問題是？ (1) 含菌數高 (2) 含有害色素 (3) 抗凍性不夠 (4) 對環境造成污染。

（ 1 ）4. 冷凍肉在室溫解凍時，一般建議保持原有的包裝，其主要原因是？ (1) 減少微生物污染 (2) 增加解凍速率 (3) 方便操作 (4) 減慢解凍速率。

（ 4 ）5. 天然腸衣之主要優點是？ (1) 大小均一 (2) 容易貯存 (3) 重量較輕 (4) 具可食性。

（ 2 ）6. 目前鮮肉使用最多的包裝材料是？ (1) 鋁箔紙 (2) 聚乙烯 (3) 紙類 (4) 尼龍。

（ 4 ）7. 下列包裝材料何者最能延長肉製品的保存期限？ (1) 聚乙烯 (2) 聚氯乙烯 (3) 紙類 (4) 積層塑膠膜。

（ 4 ）8. 燈光長期照射，肉製品的顏色會逐漸形成？ (1) 粉紅色 (2) 鮮紅色 (3) 不變 (4) 綠色或褐色。

(3) 9. 肉製品加工使用下列何種包材具有防濕性及熱封性？　(1) 玻璃紙　(2) 鋁箔紙　(3) 聚乙烯 (PE)　(4) 聚苯乙烯 (PS)。

(4)10. 肉製品包裝的主要功能不包括？　(1) 保護食品品質　(2) 作業方便性　(3) 促進販賣機能　(4) 降低生產成本。

(4)11. 下列何者不是肉製品排除氧氣的包裝方法？　(1) 真空包裝　(2) 充氮包裝　(3) 充二氧化碳包裝　(4) 手動封口機包裝。

(3)12. 真空包裝的鮮肉通常為？　(1) 紅色　(2) 粉紅色　(3) 深紫紅色　(4) 灰褐色。

(1)13. 醃漬肉製品的包裝材料要能保持醃肉色澤，必須具？　(1) 不透氧氣　(2) 不透水分　(3) 透氧性　(4) 透濕性。

(1)14. 不同性質之肉製品包裝場所應有所不同，下列何者應與其他三種產品區隔？　(1) 中式香腸　(2) 肉酥　(3) 熱狗　(4) 西式火腿。

(2)15. 肉製品常使用氣調 (MA) 包裝，其主要成分為？　(1)80％二氧化碳 +20％氧氣　(2) 氮氣　(3) 氧氣　(4) 空氣。

(1)16. 鮮肉以下列何種包裝方式可以呈鮮紅色？　(1) 充 80％氧氣 +20％二氧化碳包裝　(2) 充氮包裝　(3) 充二氧化碳包裝　(4) 真空包裝。

(2)17. 依國家衛生法規，下列哪一種食品添加物除標示化學名稱外，尚需增加標示其用途？　(1) 亞硝酸鈉　(2) 己二烯酸　(3) 磷酸鹽類　(4) 磷酸鹽。

(2)18. 下列何者不是鮮肉真空包裝之優點？　(1) 產品失重較少　(2) 肉表面呈鮮紅色　(3) 能抑制細菌生長，肉質不易發生變化　(4) 有較長的販售貯存期限。

(3)19. 鮮肉放在大氣或氧氣中太久，其顏色會變為？　(1) 綠色　(2) 灰色　(3) 褐色　(4) 紫紅色。

(1)20. 冷凍肉製品 (如貢丸) 之包裝材料要選擇？　(1) 透氧性低　(2) 透水蒸氣性高　(3) 透明性高　(4) 耐高溫殺菌。

(1)21. 使用真空包裝的臘肉，在其製程中，下列何者最正確？　(1) 袋中抽真空　(2) 扭緊袋口並加封　(3) 熱水浸泡　(4) 冷卻。

(4)22. 下列何者不是肉製品包裝時，法規上必要之標示？　(1) 品名　(2) 食品添加物名稱　(3) 有效日期　(4) 原料比例。

(4)23. 下列何者目前不是真空包裝臘肉之優點？　(1) 防止污染　(2) 肉眼可辨識產品　(3) 防止水分喪失　(4) 增進特有風味。

(4)24. 下列何者不屬於肉製品包裝機械？　(1) 熱封機　(2) 真空包裝機　(3) 填充氣體包裝機　(4) 充填機。

(1)25.熱狗以下列何種方式包裝較能確保產品品質？　(1) 真空包裝　(2) 保鮮膜　(3) 充二氧化碳　(4) 手動熱封包裝。

(1)26.下列何者為天然腸衣？　(1) 豬腸　(2) 膠原纖維蛋白 (Collagen) 腸衣　(3) 纖維性 (Cellulose) 腸衣　(4) 塑膠 (Plastic) 腸衣。

(2)27.下列何者為可食性之人工腸衣？　(1) 豬腸　(2) 膠原纖維蛋白 (Collagen) 腸衣　(3) 纖維性 (Cellulose) 腸衣　(4) 塑膠 (Plastic) 腸衣。

(2)28.下列哪一種結紮機常用於西式火腿之結紮？　(1) 高速自動結紮機　(2) 金屬結紮器 (Clipper)　(3) 扭轉型結紮機　(4) 綁線型結紮機。

(4)29.下列何者不是纖維性 (Cellulose) 腸衣之特性？　(1) 規格一致性　(2) 清潔　(3) 可作彩色印刷　(4) 可食用。

(3)30.冷凍貢丸包裝袋是否須打洞？　(1) 是，以利空氣排除，減少體積　(2) 是，利於水分散出，避免冷凝水滴附於袋內　(3) 否，應密封包裝，避免再次污染及品質劣變　(4) 否，可以包含有空氣，減少貢丸互相碰撞擠壓。

(4)31.下列哪一項產品不得與其他三項產品於同一包裝室內同時作業，以免互相污染？　(1) 生鮮香腸　(2) 中式香腸　(3) 冷藏肉　(4) 熱狗。

(4)32.下列哪一項產品肉製品包裝時最好配合使用吸水墊？　(1) 中式香腸　(2) 熱狗　(3) 肉酥　(4) 冷藏鮮肉。

(1)33.下列哪一項產品不得與其他三項產品於同一包裝室內同時作業，以免互相污染？　(1) 板鴨　(2) 烤雞　(3) 烤鴨　(4) 叉燒肉。

(3)34.包裝最重要之功能是？　(1) 增加美觀　(2) 增進可口性　(3) 避免再次污染　(4) 提高產品品質。

(3)35.適當之包裝，不能使冷凍肉？　(1) 減少表面脫水　(2) 避免凍燒　(3) 增進營養價值　(4) 減少表面色澤變化。

(2)36.肉製品包裝室之室溫應維持在？　(1)0℃以下　(2)15 ～ 18℃　(3)25 ～ 30℃　(4)30℃以上。

(3)37.何者為不可食性腸衣？　(1) 羊腸衣　(2) 豬腸衣　(3) 纖維素腸衣　(4) 膠原纖維蛋白腸衣。

(4)38.食品標示規定可以不列出的項目為？　(1) 貯存方式　(2) 有效日期　(3) 工廠地址　(4) 工廠負責人。

(3)39.肉品包裝室屬於？　(1) 一般作業區　(2) 準清潔區　(3) 清潔區　(4) 污染區。

(2)40.金屬檢測器可檢測何種物質？　(1) 毛髮　(2) 釘書針　(3) 塑膠片　(4) 石頭。

(3) 41. 肉品之真空包裝對下列何種細菌仍可生長良好？　(1) 黴菌　(2) 腸炎弧菌　(3) 肉毒桿菌　(4) 酵母菌。

(4) 42. 下列哪一項不是包裝的功能？　(1) 保護食品品質　(2) 使用方便性　(3) 販賣功能　(4) 增進營養性。

(4) 43. 常溫貯存之真空包裝食品販售時，依法規應符合下列何條件？　(1) 水活性 > 0.85　(2) pH 值 < 9.0 或 > 7.0　(3) 水分含量 > 40%　(4) 經商業滅菌。

(4) 44. 下列何者不適合殺菌軟袋材質之需求性？　(1) 阻隔性佳　(2)121℃殺菌條件下不破裂、不收縮　(3) 無異味產生　(4) 易脆性。

(1) 45. 未滅菌之真空包裝肉製品，貯存的溫度其何者較適合？　(1)-18℃以下　(2)15～20℃　(3)20～30℃　(4)40℃以上。

(1) 46. 以下何種包裝材質適合應用在調理食品之殺菌袋？　(1) 耐龍 (N.Y.) 與 PE 貼合　(2) 玻璃紙　(3) 保鮮膜　(4) 保麗龍。

(1) 47. 半乾性肉製品部分真空包裝同時搭配脫氧劑使用時，有下列何者作用？　(1) 防止油耗味　(2) 增加水分含量　(3) 增加營養成分　(4) 提高美味。

(2) 48. 肉製品包裝中，常使用積層包裝，與製品接觸面（內層），需具下列何種特性？　(1) 印刷性　(2) 熱黏性　(3) 阻水、阻氣、保香　(4) 抗拉、撕裂、抗衝擊。

(3) 49. 常溫貯存之真空包裝食品販售時，依法規下列條件何者不符？　(1) 水活性 ≤ 0.85　(2) pH 值 ≥ 9.0　(3)pH 值 ≤ 4.6　(4) 經商業滅菌。

(2) 50. 真空包裝肉製品何者條件無法有效抑制肉毒桿菌？　(1) 添加亞硝酸鹽　(2) 外加脫氧劑　(3) 貯存溫度 < 3.3℃　(4)pH 值 < 4.6。

(4) 51. 調氣包裝應用於生鮮肉品，具有可使肉色較佳（呈鮮紅色）之優點，而其氣體成分主要為？　(1) 空氣　(2)100%O_2　(3)100%N_2　(4)80%O_2 與 20%CO_2。

(3) 52. 生鮮肉品包裝時常配合使用何者材料？　(1) 脫氧劑　(2) 防水層　(3) 吸水墊　(4) 氧氣指示條。

(3) 53. 真空包裝之生鮮肉呈暗紫色時，下列何種氣體被排除？　(1)CO_2　(2)N_2　(3)O_2　(4)CO。

(1) 54. 肉乾產品大多選用？　(1) 低透水與低透氧　(2) 高透水與低透氧　(3) 低透水與高透氧　(4) 高透水與高透氣　之材質作為內包裝，以提高產品之保存性。

(4) 55. 下列哪一項產品不得與其他三項產品於同一包裝室內同時作業，以免互相污染？　(1) 貢丸　(2) 火腿　(3) 熱狗　(4) 臘肉。

(2)56.優良農產品肉品其加工過程包裝室環境溫度需？ (1) 常溫 (2)15℃ (3)7℃ (4)4℃ 以下。

(3)57.肉製品成品包裝室之作業區屬？ (1) 一般作業區 (2) 準清潔區 (3) 清潔區 (4) 污染區。

(1)58.下列何者包裝材質可增長真空包裝牛肉保存期限？ (1) 積層袋 (2) 鋁箔紙 (3) 保麗龍 (4) 聚乙烯。

(4)59.下列何者包裝方式，無法有效抑制肉製品好氧性微生物生長？ (1) 真空包裝 (2) 充氮包裝 (3) 二氧化碳包裝 (4) 手動熱封包裝。

(2)60.下列何者塑膠材質不具回收再利用的標誌？ (1)PET 寶特瓶 (2)PVC 保鮮膜 (3)PP 布丁盒 (4)PS 泡麵碗。

(4)61.下列何種包裝材質不具耐熱性？ (1)PP (2) 鋁箔 (3)NY(PA) (4) 保鮮膜。

工作項目 07：肉製品之品質鑑定

(4) 1. 所謂的水樣肉就是我們一般所說的？ (1) 正常肉 (2) 深色肉 (3) 帶病的肉 (4) 蒼白、柔軟、滲水的肉。

(1) 2. 肉製品的品質管制計畫的參與人員為？ (1) 全員參與 (2) 公司主管 (3) 品管人員 (4) 生產現場人員。

(3) 3. 肉製品最簡易品質鑑定方法為？ (1) 化學分析 (2) 物理分析 (3) 感官品評 (4) 微生物分析。

(1) 4. 肉製品乳化安定性，可以下列何種方式鑑定？ (1) 脂肪分離率 (2) 蛋白質含量 (3) 脂肪含量 (4) 肉溫。

(1) 5. 肉製品的酸敗味主要來自？ (1) 脂肪氧化及微生物繁殖 (2) 瘦肥肉比例不當 (3) 色素之添加 (4) 含水量較高。

(1) 6. 肉製品的柔嫩度可以何種簡單的方式鑑定？ (1) 咬感 (2) 分析結締組織 (3) 剪切方式 (4) 眼睛觀察。

(4) 7. 中式香腸、臘肉之色澤應為？ (1) 灰色 (2) 棕色 (3) 綠色 (4) 紅色。

(3) 8. 生鮮牛肉顏色為？ (1) 棕色 (2) 綠色 (3) 紫紅色 (4) 紫色。

(2) 9. 原料肉入廠時首先且重要的檢驗項目？ (1) 溫度 (2) 外觀 (3) 脂肪含量 (4) 大腸桿菌。

(1)10.冷藏肉入廠溫度應控制在？ (1)0～5℃ (2)10℃ (3)12～15℃ (4)15℃以上。

(2)11.CAS 優良食品標誌肉品類規定中式香腸最終脂肪含量不得超過？ (1)10% (2)30% (3)40% (4)50%。

(4) 12. CAS 優良食品標誌肉品類規定，中式香腸之蛋白質含量應在多少％以上？　(1)8　(2)10.5　(3)12.5　(4)14.5。

(3) 13. 肉製品真空包裝或充氮包裝不具有下列何項優點？　(1) 產品失重較少　(2) 抑制細菌生長　(3) 增加製成率　(4) 延長貯存期限。

(1) 14. 西式火腿出貨溫度應控制在？　(1)0 ～ 5℃　(2)10 ～ 15℃　(3)15 ～ 20℃　(4)20 ～ 25℃以上。

(4) 15. 品質優良之香腸製品，應具備下列何種條件？　(1) 顏色暗紅　(2) 表面出油　(3) 剖面多孔洞　(4) 肥瘦比例適當。

(3) 16. 下列何者為劣質熱狗？　(1) 質地均一　(2) 外觀平整具彈性　(3) 顏色深紅　(4) 使用可食性腸衣。

(3) 17. 下列何者為品質良好之貢丸？　(1) 內部有孔洞　(2) 顏色潔白　(3) 外觀圓整、具彈性　(4) 肥肉顆粒大。

(1) 18. 肉酥之品質，最應注意下列哪一項？　(1) 脂肪有無酸敗　(2) 顏色　(3) 肉纖維長短　(4) 質地。

(3) 19. 良好品質豬肉乾的條件是？　(1) 表面有粘質　(2) 顏色深褐　(3) 外觀平整呈紅褐色　(4) 肌肉纖維堅硬。

(4) 20. 製作良好的板鴨成品，應呈現？　(1) 表面出油　(2) 皮肉分離　(3) 肉質堅硬　(4) 表皮乾燥、肉質軟度適中。

(1) 21. 品質優良之熱狗製品，不可有下列何種情形？　(1) 剖面有孔洞　(2) 結著良好　(3) 表面光滑　(4) 顏色微紅。

(4) 22. 叉燒肉之特徵應呈現？　(1) 焦黑色　(2) 粘連　(3) 皮肉分離　(4) 表面具燒烤之微焦色。

(1) 23. 醃漬良好之臘肉應具有之現象為？　(1) 瘦肉部分呈微紅色　(2) 脂肪部份呈微紅色　(3) 皮呈微紅色　(4) 整塊為紅色。

(2) 24. 製作良好之脆皮烤鴨，其特徵為？　(1) 皮厚多油　(2) 表皮脆亮燒烤適中　(3) 外脆內生　(4) 骨肉分離。

(1) 25. 下列何者最不適作為肉製品品質鑑定的依據？　(1)價格　(2)風味　(3)質地　(4)製成率。

(1) 26. 正常肉酥之色澤應呈？　(1) 黃褐色　(2) 黑色　(3) 紅色　(4) 黃色。

(1) 27. 下列何種方法不適用來判定肉製品新鮮度？　(1) 水活性　(2) 酸價　(3)pH 值　(4) 色澤。

(4) 28. CAS 優良食品標誌肉品類規定，肉絨澱粉含量不得超過？　(1)4％　(2)5％　(3)6％　(4)7％。

(3) 29. CAS 優良食品標誌肉品類規定，肉絨、肉酥之黴菌及酵母菌落數每公克不得超過？ (1)100 個　(2)150 個　(3)200 個　(4)250 個。

(4) 30. CAS 優良食品標誌肉品類規定，肉絨、肉酥之微生物標準為下列何者？　(1) 大腸桿菌陽性　(2) 沙門氏桿菌陽性　(3) 金黃色葡萄球菌陽性　(4) 大腸桿菌群每公克 10MPN 以下。

(2) 31. CAS 優良食品標誌肉品類規定，完全乳化型香腸之一般成分，下列何者不正確？　(1) 水分 65% 以下　(2) 蛋白質 10% 以上　(3) 脂肪 25% 以下　(4) 灰分 4.0% 以下。

(1) 32. CAS 優良食品標誌肉品類規定含肉顆粒乳化型香腸之一般成分，下列何者不正確？　(1) 水分 70% 以下　(2) 灰分 4.0% 以下　(3) 蛋白質 14% 以上　(4) 脂肪 25% 以下。

(2) 33. CAS 優良食品標誌肉品類規定肉絨之一般成分，下列何者不正確？　(1) 水分 15% 以下　(2) 游離脂肪酸 2.0% 以下　(3) 脂肪 16% 以下　(4) 蛋白質 31% 以上。

(1) 34. CAS 優良食品標誌肉品類規定，肉酥之一般成分，下列何者正確？　(1) 水分 4.0% 以下　(2) 灰分 8% 以下　(3) 脂肪 3.5% 以下　(4) 澱粉 12% 以下。

(3) 35. CAS 優良食品標誌肉品類規定肉乾之微生物標準，下列何者不正確？　(1) 大腸桿菌群每公克 10MPN 以下　(2) 大腸桿菌陰性　(3) 黴菌及酵母菌落數每公克 250 個以下　(4) 沙門氏桿菌陰性。

(2) 36. 為達成產品的衛生安全目的，每種肉製品生產過程應建立？　(1) 停損點　(2) 重要管制點　(3) 制高點　(4) 平衡點。

(3) 37. 肉製品所使用的食品添加物均需要何種單位之檢驗合格證明書？　(1) 科技部　(2) 農委會　(3) 衛生福利部　(4) 內政部。

(2) 38. 可食性腸衣游離性甲醛之管制量應在？　(1)100ppm　(2)10ppm　(3)70ppm　(4)50ppm 以下。

(1) 39. 依 CAS 優良食品標誌肉品類標準，肉乾應不得添加下列何種成分？　(1) 澱粉　(2) 食鹽　(3) 砂糖　(4) 味精。

(4) 40. 豬隻的 DFD 肉即是所謂的？　(1) 正常肉　(2) 病死豬肉　(3) 蒼白、柔軟、滲水的肉　(4) 暗乾肉。

(2) 41. 下列何種寄生蟲，可能出現於豬肉中？　(1) 蛔蟲　(2) 旋毛蟲　(3) 鉤蟲　(4) 鞭蟲　故豬肉應完全煮熟後食用。

(2) 42. 為保持肉類原料或肉製品的流通，於進行庫存作業時，應採取？　(1) 後進先出　(2) 先進先出　(3) 先進後出　(4) 不進不出　的進出流程。

(3) 43. 測定肉品或肉原料的溫度，正確的測定部位為？　(1) 環境溫度　(2) 肉表面溫度　(3) 肉中心溫度　(4) 包裝紙箱溫度。

(3) 44. 易導致肉製品酸敗味道的產生，主要是由於何種成分？　(1) 蛋白質　(2) 碳水化合物　(3) 脂肪　(4) 灰分。

(3) 45. 一般而言，正常食用肉的組成分中以水分含量最高，約佔？　(1)20 ～ 40%　(2)40 ～ 60%　(3)60 ～ 80%　(4)95 ～ 100%。

(3) 46. 剛屠宰的畜肉或禽肉的酸鹼度約為？　(1)pH3　(2)pH5　(3)pH7　(4)pH9　左右。

(4) 47. 以豬為例，食用動物膠的主要萃取來源是？　(1) 豬毛　(2) 豬蹄　(3) 豬肉　(4) 豬皮。

(4) 48. 肉品腐敗為肉表面被好氧性菌污染，而迅速增殖，使肉成分的？　(1) 脂肪　(2) 碳水化合物　(3) 灰分　(4) 蛋白質　分解而造成。

(2) 49. (1) 肉毒桿菌　(2) 葡萄球菌　(3) 李氏特菌　(4) 沙門氏菌　通常存於動物或人類的傷口中，屬於化膿性的病菌，故皮膚有化膿傷口人員，應避免進行肉品原料之分切或處理。

(1) 50. PSE豬肉屠後 1 小時內 pH 值為？　(1)5.8 以下　(2)6.2～6.4　(3)6.5～6.8　(4)7.0 以上。

工作項目 08：肉製品貯存

(2) 1. 下列何者不是肉製品變敗的原因？　(1) 細菌數高　(2) 貯存溫度控制於 5℃下　(3) 保護層之包材選擇不當　(4) 運輸過程溫度變化大。

(1) 2. 市售冷藏肉於 5℃以下約可保存？　(1)7 天　(2)14 天　(3)21 天　(4)28 天。

(1) 3. 肉製品中具抑制黴菌的添加物為？　(1) 己二烯酸鉀　(2) 亞硝酸鹽　(3) 磷酸鹽　(4) 抗壞血酸鈉鹽。

(4) 4. 具有提升肉製品酸鹼度之添加劑為？　(1) 硝酸鹽　(2) 亞硝酸鹽　(3) 食鹽　(4) 磷酸鹽。

(1) 5. 肉絨製品在保存期間，其水分含量以何者為宜？　(1)14%　(2)18%　(3)22%　(4)26%。

(2) 6. 中式香腸在保存期間以何種包裝為宜？　(1) 保鮮膜　(2) 真空包裝　(3) 不包裝　(4) 塑膠袋包裝。

(2) 7. 下列哪一種配料不適合用於冷凍肉製品？　(1) 黃豆蛋白　(2) 玉米澱粉　(3) 修飾澱粉　(4) 麵筋蛋白。

(4) 8. 延長貢丸的貯存以何種方法為佳？　(1) 常溫　(2) 加溫　(3) 冷藏　(4) 冷凍。

(4) 9. 肉製品加工過程中燻煙處理不具有何種功能？　(1) 殺菌　(2) 增加風味　(3) 增加色澤　(4) 增加重量。

(2) 10. 熱狗在 4℃貯存，最主要造成品質劣化的原因是？　(1) 病原菌繁殖　(2) 腐敗菌繁殖　(3) 氧化酸敗　(4) 營養成分流失。

(3) 11. 貢丸以 -18℃凍藏，最常發生品質劣化的原因是？　(1) 病原菌繁殖　(2) 腐敗菌繁殖　(3) 氧化酸敗　(4) 營養成分流失。

(3) 12. 瓶裝密封的肉酥，在室溫下保存，最常發生品質劣化的原因是？ (1) 病原菌繁殖 (2) 腐敗菌繁殖 (3) 氧化酸敗 (4) 酵素活化。

(1) 13. 下列哪一種肉製品不宜保存於室溫的環境下？ (1) 香腸 (2) 肉酥 (3) 肉絨 (4) 肉乾。

(1) 14. 下列哪一種肉製品必須以冷凍低溫保存？ (1) 貢丸 (2) 肉酥 (3) 肉絨 (4) 肉乾。

(4) 15. 豬肉乾常用下列哪一種食品添加物作為黴菌抑制劑？ (1) 異抗壞血酸鈉 (2) 磷酸鹽 (3) 亞硝酸鹽 (4) 己二烯酸鉀。

(1) 16. 真空包裝的中式香腸應保存在？ (1)0 ～ 4℃ (2)10 ～ 14℃ (3)20 ～ 24℃ (4)30 ～ 34℃。

(4) 17. 通常所稱的急速凍結，其溫度是？ (1)0℃ (2)-10℃ (3)-20℃ (4)-40℃。

(3) 18. 板鴨在 4℃ 貯存不能達到以下哪一項功能？ (1) 延長產品貯存壽命降 (2) 低微生物的繁殖 (3) 殺滅微生物 (4) 減少氧化酸敗的進行。

(4) 19. 下列哪一種原料肉其脂肪含有較多的不飽和脂肪酸，在貯存上易產生氧化酸敗？ (1) 牛肉 (2) 羊肉 (3) 豬肉 (4) 火雞肉。

(1) 20. 下列哪一種成分是造成肉製品貯存時發生氧化酸敗的原因？ (1) 油脂 (2) 醣類 (3) 蛋白質 (4) 水分。

(3) 21. 肉製品加工水活性的控制，主要的作用為？ (1) 肉製品加工中所加入的水量 (2) 肉製品所含水分的百分比 (3) 控制肉製品中微生物生長 (4) 冷凍肉解凍時流失的水分。

(1) 22. 下列哪一種肉製品水活性最高？ (1) 中式香腸 (2) 肉酥 (3) 肉絨 (4) 肉乾。

(4) 23. 熱狗貯存中因微生物大量繁殖而產生黏液現象時，其每公克樣品細菌數約有？ (1)10^2 個 (2)10^4 個 (3)10^6 個 (4)10^8 個。

(3) 24. 下列哪一種冷藏肉製品貯存時間最短？ (1) 熱狗 (2) 中式香腸 (3) 切片火腿 (4) 條狀火腿。

(1) 25. 冷凍肉製品在運送過程中應保持在多少溫度？ (1)-18℃ (2)-5℃ (3)5℃ (4) 室溫。

(1) 26. 下列何種貯存條件對熱狗褪色影響最大？ (1) 低溫、相對濕度 90% (2) 低溫、真空包裝 (3) 低溫、無透明印刷真空包裝 (4) 低溫、透明真空包裝。

(4) 27. 下列哪一種肉製品水活性最低？ (1) 西式火腿 (2) 熱狗 (3) 中式香腸 (4) 肉酥。

(4) 28. 下列哪一種肉製品可以不必冷藏或冷凍保存？ (1) 西式火腿 (2) 熱狗 (3) 中式香腸 (4) 肉酥。

(1) 29. 法蘭克福香腸貯存於 4℃，可達到以下哪一項功能？ (1) 降低微生物的繁殖速率 (2) 殺滅腐敗性微生物 (3) 殺滅病原菌 (4) 同時殺滅腐敗性微生物與病原菌。

(2) 30. 雞肉製品比較容易發生氧化酸敗現象，其原因是？　(1) 水活性較低　(2) 含較多不飽和脂肪酸　(3) 含較高的蛋白質　(4) 含較多醣類。

(2) 31. 中式香腸的貯存，以下列何者最為適當？　(1) 真空包裝不必冷藏　(2) 真空包裝且冷藏　(3) 不真空包裝但冷藏　(4) 不真空包裝且不冷藏。

(1) 32. 肉絨比肉酥易受黴菌污染繁殖，最重要的原因是？　(1) 水活性較高　(2) 水活性較低　(3) 蛋白質含量較高　(4) 蛋白質含量較低。

(1) 33. 肉絨、肉酥的特色為？　(1) 組織膨鬆　(2) 組織乾硬　(3) 成品粉狀　(4) 成品呈團塊狀。

(3) 34. 肉製品加工過程中進行煙燻處理具有何種優點？　(1) 增加肉品重量　(2) 提高產品蛋白質量　(3) 增加製品的色澤及風味　(4) 提高製成率。

(2) 35. 肉製品利用 -40℃的溫度凍結處理可稱為？　(1) 慢速凍結法　(2) 急速凍結法　(3) 解凍法　(4) 冰溫儲存法。

(3) 36. 雞肉因其所含油脂具有較多的？　(1) 飽和脂肪酸　(2) 膽固醇　(3) 不飽和脂肪酸　(4) 卵磷脂，於儲存期間較容易發生氧化酸敗現象。

(4) 37. 下列何種肉製品較適宜室溫環境儲存？　(1) 西式香腸　(2) 西式火腿　(3) 貢丸　(4) 肉乾。

(3) 38. 肉製品儲存發生腐敗時，可能發生？　(1) 風味變佳　(2) 組織結著好　(3) 肉品發黏　(4) 色澤變佳。

(2) 39. 下列何種溫度為冷凍肉之保存溫度？　(1)4℃　(2)-18℃　(3)-4℃　(4)-7℃。

(3) 40. 貢丸發生凍燒現象，是因為凍藏時表面？　(1) 失去蛋白質　(2) 失去脂肪　(3) 失去水分　(4) 失去碳水化合物　的品質劣化現象。

(4) 41. 傳統中式臘腸於常溫無法長期保存之主要原因為？　(1) 含有高量食鹽　(2) 經乾燥水活性低　(3) 加高量的糖　(4) 含高水分。

(4) 42. 何者屬於非化學性肉品保存方法？　(1) 添加亞硝酸鹽　(2) 加高量食鹽　(3) 添加己二烯酸鉀　(4) 脫水乾燥。

(1) 43. 真空包裝之中式香腸在貯存過程中會發生酸敗的原因為？　(1) 脂肪氧化　(2) 微生物作用　(3) 乾燥過度　(4) 儲存溫度太低。

(1) 44. 何者屬於非物理性肉品保存方法？　(1) 加高量的糖　(2) 真空包裝　(3) 脫水乾燥　(4) 放射線照射。

(3) 45. 下列何種氣體非為調氣包裝中常用之氣體？　(1) 氧氣　(2) 氮氣　(3) 氫氣　(4) 二氧化碳。

(1) 46. 牛肉乾可以在常溫下保存主要的原因？　(1) 水活性低　(2) 水活性高　(3) 水分高　(4) 灰分低。

(1) 47. 在低溫下何種形式的生鮮豬肉最快腐敗？　(1) 絞肉　(2) 肉排　(3) 肉塊　(4) 肉片。

(3) 48. 冷凍肉品不會發生凍燒的原因？　(1) 未包裝　(2) 不完整包裝　(3) 真空包裝　(4) 包裝有破損。

(1) 49. 哪一種冷凍方式對肉品品質最好？　(1) 急速冷凍　(2) 慢速冷凍　(3) 食鹽水冷凍　(4) 冰水冷凍。

(1) 50. 肉品長期冷凍儲存期間，下列何者溫度控制方式最佳？　(1) 穩定維持 -20℃以下　(2) 穩定維持 -10℃以下　(3) 波動式維持 -10 ～ -15℃　(4) 波動式維持 -10℃以下。

製程彩圖

1. 熱狗流程

1. 前腿肉和肥肉分別切成 3～4cm 的肉塊或肉片。

2. 前腿肉和肥肉分別經 3～5mm 網孔的絞肉機絞碎後備用。

3. 前腿絞肉置入攪拌缸（缸鍋下應放置冰塊降溫）。

4. 依序加入磷酸鹽及食鹽，以漿狀攪拌器快速攪拌約 5～7 分鐘。

5. 續加入植物蛋白粉和 1/3 份量的冰水後攪拌約 2～5 分鐘。

6. 續加入砂糖、味精、白胡椒等所有的混勻調配料，同時加入 1/3 份量的冰水後攪拌 2～5 分鐘。

7. 加入絞碎肥肉後繼續攪拌約 2～5 分鐘。

8. 最後加入玉米澱粉和 1/3 份量的冰水後攪拌 3～5 分鐘。

9. 乳化完成取出乳化肉漿。

10.充填。

11.整形、交叉扭轉分節（每節長 12～14cm）。

12.吊掛後乾燥（55～65℃），1～2 小時（中心溫度約達 40℃）。

13.水煮（水溫 80～85℃）至中心溫度達 72℃時取出。

14.置入冰水中冷卻，去除腸衣。

15.成品。

2. 貢丸流程

1. 後腿瘦肉和肥肉分別切成 3～4cm 的肉塊或肉片後，分別經 2～3mm 網孔的絞肉機絞碎後備用。

2. 絞碎瘦肉置入攪拌缸（缸鍋下應放置冰塊降溫），先加入磷酸鹽以漿狀攪拌器中速攪拌約 2 分鐘，再加入食鹽快速攪拌 5～10 分鐘。

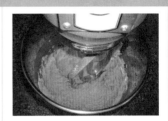

3. 直到萃取出瘦肉中的鹽溶性蛋白質，此時肉漿會粘手。

4. 加入預先混勻的砂糖、味精和白胡椒攪拌均勻。

5. 加入絞碎肥肉攪拌乳化。

6. 將完成乳化的肉漿擠成丸形。

7. 水煮（水溫 80～85℃）至貢丸中心溫度達 72℃時取出。

8. 置入冰水中冷卻。

9. 成品。

3. 中式香腸流程

1. 豬瘦肉經 7～10mm 網孔的絞肉機絞碎後備用。

2. 豬背脂肪切成約 3～4mm 粒狀（不可經絞碎處理）。

3. 瘦肉置入攪拌缸（缸鍋下應放置冰塊降溫），依序加入磷酸鹽和食鹽，以漿狀或鉤狀攪拌器中速攪拌 5～8 分鐘抽出鹽溶性蛋白質。

4. 加入砂糖、味精、肉桂粉等其他的調配料混勻。

5. 同時加入米酒攪拌均勻。

6. 加入切成粒狀的豬背脂肪混合均勻。

7. 冷藏醃漬。

8. 充填。

9. 整型分節（每節長 10～12cm）。

10. 除氣泡。

11. 吊掛後乾燥（55～60℃，1.5～2.5 小時）。

12. 成品。

4. 臘肉流程

1. 將帶皮的豬腹脅肉（五花肉）切條（每條切成厚2.5~3.0cm）。

2. 將調配料塗抹均勻。

3. 冷藏醃漬。

4. 水洗。

5. 以不鏽鋼掛鉤吊掛後乾燥及燻煙（55～65℃，1.5～2.5小時）。

6. 成品。

5. 板鴨流程

1. 鴨屠體除毛，切除鴨腳、鴨翅。

2. 鴨腿關節向外翻轉進行脫臼處理。

3. 切除鴨眼、鴨舌、下顎、肛門、泄殖腔等。

4. 切開胸腹部，去除內臟、淋巴結後洗淨。

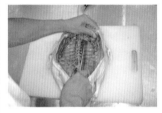

5. 切斷兩旁的胸肋，使鴨屠體能展開成扁平狀。

6. 將混勻的調配料塗抹於鴨屠體。

7. 冷藏醃漬。

8. 水洗處理。

9. 吊掛後乾燥及燻煙（55～65℃，1.5～2.5 小時）。

10. 成品。

6. 肉酥流程

1. 將旋轉式的焙炒乾燥機及手耙洗淨，點燃爐火消除水分，並加入少許豬油熱勻。

2. 置入揉絲及調味之豬後腿熟肉，調整中大爐火，以手耙進行拌勻焙炒。

3. 焙炒至原料熟肉以手感覺乾燥度較佳時，均勻的添加（潑灑）豬油。

4. 待焙炒至外觀色澤均勻呈金黃色，具適當膨鬆性時取出。

5. 鋪平冷卻即為成品。

7. 豬肉乾（肉脯）流程

1. 豬後腿瘦肉修除表面的筋膜、脂肪。

2. 切片（肉溫以 -2 至 -5 ℃時為佳，每片厚 2.5 ～ 3.5mm）。

3. 切片肉與調配料混勻。

4. 冷藏醃漬。

5. 平鋪於不鏽鋼網盤。

6. 乾燥（55 ～ 60℃，1 ～ 2 小時）。

7. 置入烤箱中烤熟（180 ～ 220 ℃，5 ～ 10 分鐘）後，剪切成每片長 10 ～ 12cm，寬 6 ～ 8cm。

8. 成品。

8. 牛肉乾流程

1. 牛後腿肉水煮至中心溫度 50～55℃時取出。

2. 冷卻後以切片機進行切片（厚度約2.0～3.0mm）。

3. 牛肉片與滷煮調配料混勻。

4. 以溫小火滷煮至滷汁液幾乎呈乾涸狀。

5. 將肉片平鋪於不鏽鋼網盤。

6. 乾燥（45～55℃，2～3小時）。

7. 成品。

9. 肉角流程

1. 豬後腿瘦肉修除表面可見的筋膜、脂肪。

2. 水煮至肉中心溫度60～65℃時取出。

3. 冷卻後切成10～15mm的肉片。

4. 再切成長寬10～20mm大小的肉粒。

5. 肉粒與滷煮調配料混勻。

6. 以溫小火滷煮至滷汁液幾乎呈乾涸狀。

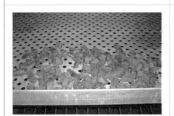

7. 肉粒平鋪於不鏽鋼網盤。

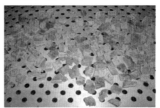

8. 乾燥（45～55℃，2～3小時）。

9. 成品。

10. 肉條流程

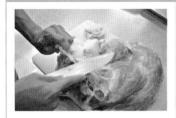

1. 豬後腿瘦肉修除表面可見的筋膜、脂肪。

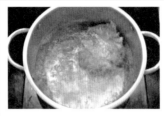

2. 水煮至肉中心溫度60～65℃時取出。

3. 冷卻後切（撕）成條狀（長4～7cm，寬約1cm）。

4. 撕好的肉條與滷煮調配料混勻。

5. 以溫小火滷煮至滷汁液幾乎呈乾涸狀。

6. 肉條平鋪於不鏽鋼網盤，乾燥（45～55℃，2～3小時）後即為成品。

11. 烤雞流程

1. 雞屠體除毛、去雞腳、清內臟後洗淨。

2. 內部醃料混勻後塗抹於雞胸腔。

3. 以尾針將屠體切口縫合。

4. 冷藏醃漬。

5. 雞皮水加熱攪拌溶勻備用。

6. 刷雞皮水。

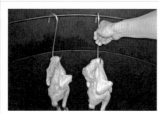

7. 吊掛於燒烤爐，以瓦斯或天然氣燒烤。

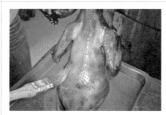

8. 以 180～220℃燒烤，過程中每 5～10 分鐘取出刷雞皮水。

9. 燒烤至雞腿肉內側中心溫度達 80℃時取出，即為成品。

12. 叉燒肉流程

1. 豬肩胛肉切成條狀（每條厚 2.0～3.0cm）。

2. 醃料塗抹均勻。

3. 冷藏醃漬。

4. 以掛鉤吊掛。

5. 置入燒烤爐，以瓦斯或天然氣燒烤。

6. 以 180～220℃燒烤至肉中心溫度達 72℃以上時取出，即為成品。

13. 燒腩流程		
 1. 帶皮豬腹脇肉經燙煮 5 ～ 10 分鐘。	 2. 取出冷卻後，可用扎針刺豬皮表面，宜均勻緊密。	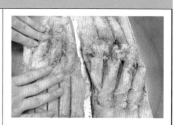 3. 可用刀切劃肉表面約深 1 公分，塗抹醃漬料。
 4. 可適時冷藏醃漬（豬皮朝上），取出後豬皮刷脆皮水。	 5. 吊掛原料肉置入燒烤爐，以瓦斯或天然氣燒烤。	 6. 以 200 ～ 220℃燒烤，過程中約每 15 分鐘取出補刷脆皮水。
 7. 燒烤至肉中心溫度達 72℃時，可再升溫 220 ～ 240℃燒烤 7~10 分鐘，取出成品。		

14. 鹽水鴨流程

1. 鴨屠體除毛、去腳、去內臟並洗淨。

2. 將醃漬料混勻後，塗抹於鴨屠體表面及胸腔內。

3. 冷藏醃漬。

4. 滷煮（水溫 86～92℃）至鴨腿肉內側中心溫度達80℃以上。

5. 取出立即置入冰水中冷卻。

6. 成品。

15. 醉雞流程

1. 雞屠體去除殘毛、去內臟、切除雞腳並洗淨。

2. 水煮（86～92℃）至雞腿肉內側中心溫度達80℃以上時取出。

3. 漂水冷卻（10～20分鐘）降溫至肉中心溫度達40℃以下。

4. 再移入冰水中冷卻至20℃以下備用。

5. 將調味液的材料煮沸，維持3～5分鐘並使其調配料散發出香味。

6. 調味液以流水隔水冷卻至40℃以下。

7. 調味液置入冰水中隔水冷卻到20℃以下。

8. 加入酒拌勻。

9. 置入冷卻的煮熟雞後，冷藏浸漬。

10. 成品。

16. 滷豬腳流程

1. 以拔毛器及瓦斯槍火焰修除豬腳殘毛，並切除腳趾甲洗淨。

2. 燙煮（92～95℃）5～10分鐘。

3. 漂水冷卻並壓除油脂約10～20分鐘。

4. 豬腳於滷汁中滷煮（86～90℃）1.5～2.0小時。

5. 取出冷卻後即為成品。

MEMO

MEMO

國家圖書館出版品預行編目資料

肉製品加工丙級技術士技能檢定必勝寶典 / 曾再富, 林高塚編著. -- 四版. -- 新北市：新文京開發出版股份有限公司, 2022.01
　　面；　公分

ISBN　978-986-430-808-8（平裝）

1.CST: 畜產　2.CST: 農產品加工

439.6　　　　　　　　　　　　　　　　111000178

肉製品加工丙級技術士
技能檢定必勝寶典（第四版）　　　（書號：VF025e4）

編 著 者	曾再富　林高塚	
出 版 者	新文京開發出版股份有限公司	
地　　址	新北市中和區中山路二段 362 號 9 樓	
電　　話	(02) 2244-8188（代表號）	
Ｆ Ａ Ｘ	(02) 2244-8189	
郵　　撥	1958730-2	
初　　版	西元 2006 年 11 月 15 日	
二　　版	西元 2014 年 05 月 15 日	
三　　版	西元 2018 年 01 月 20 日	
四　　版	西元 2022 年 01 月 20 日	